JN082590

文房具 YouTuber

しーさーの
ボールペン事典

SEASAR'S BALLPOINT PEN ENCYCLOPEDIA

しーさー著

実務教育出版

INTRODUCTION

この本を手に取っていただきありがとうございます。
本書は、9年に渡りYouTubeで500本以上の文房具のレビュー動画を作ってきた私、しーさーが、世界中のボールペン73本を片っ端から試してレビューするという本です。

実は、昔からものすごく作りたかった本なんです。
どうしてかというと、こういった本がこれまでなかったからです。
110円～121,000円まで、油性～水性まで、ここまで幅広くボールペンについてバカ正直にレビューする本は本書がはじめてでしょう。

また、本書にプロモーション目的は一切ありません。メーカーからお金をもらって取り上げて欲しい、ひっそり評価点をあげて欲しいなど、そんなことをお願いされたくもないし、しておりません。メーカーに対してフラットな目線で正直な意見をいえるYouTuberという立場だからこそ、完全にしーさーの独断で星を付けたので、信頼して読んでください。

「勉強で使いたい」「手紙を書く時に使いたい」「商談をする時に使いたい」「ボールペンをプレゼントしたい」…… そんなさまざまな目的やシーンがあると思いますが、本書では、このペンはどんな人におすすめかを明確に書いていますので、ボールペン選びに悩む人の道標になれば幸いです。

僕が所有しているものだけではなく、憧れのボールペンまで、特別にメーカーさんからお借りして本書は完成しました。ご協力いただき誠にありがとうございました。
73本のボールペンを掲載していますが、実はかなり厳選した“メンバー”です。有名どころのボールペンはほぼおさえたと自負しているので、ぜひ最後まで楽しんで読んでいただけると嬉しいです。

しーさー

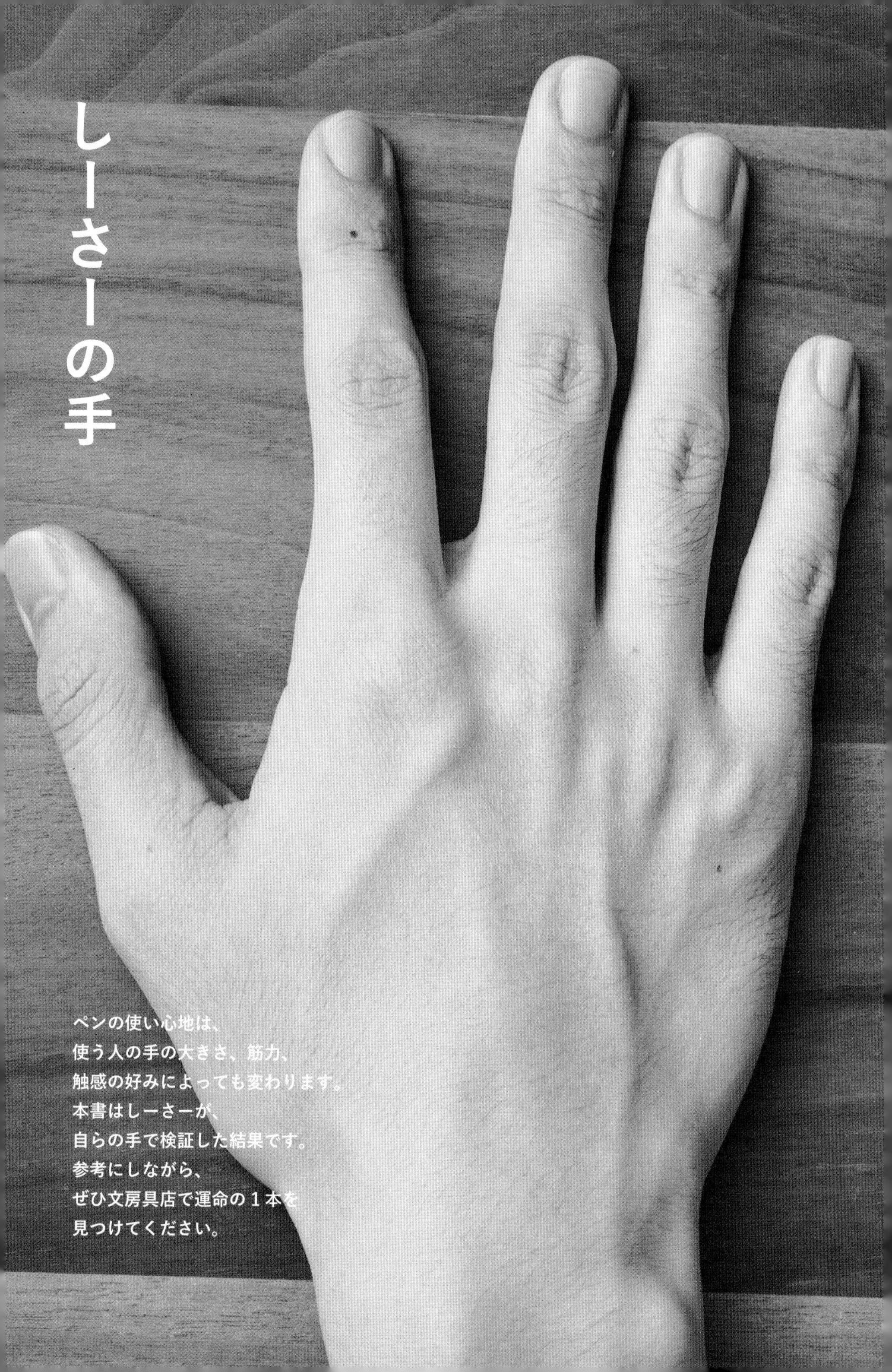

しーさーの手

ペンの使い心地は、
使う人の手の大きさ、筋力、
触感の好みによっても変わります。
本書はしーさーが、
自らの手で検証した結果です。
参考にしながら、
ぜひ文房具店で運命の１本を
見つけてください。

CONTENTS

INTRODUCTION 002
本書の使い方 008
ボールペンのきほん 010
ボールペンの選び方 014

日本生まれのボールペン 018

001	伊東屋	ROMEO №3 ボールペン 細軸 イタリアンアンバー	020
002	工房 楔	フィーネペン 花梨紅白	022
003	工房 楔	ルーチェペン マーブルウッド	024
004	コクヨ	ローラーボール	026
005	サクラクレパス	SAKURA craft_lab 001	028
006	サクラクレパス	SAKURA craft_lab 002	030
007	サクラクレパス	SAKURA craft_lab 006	032
008	サクラクレパス	ボールサイン iD	034
009	サンスター文具	mute-on 象のねごと	036
010	セーラー万年筆	プロフェッショナルギア インペリアルブラック ボールペン	038
011	ゼブラ	サラサグランド ブラウングレー	040
012	ゼブラ	サラサクリップ 0.5 キャメルイエロー	042
013	ゼブラ	フィラーレウッド	044
014	ゼブラ	ブレン	046
015	トンボ鉛筆	ZOOM C1 油性ボールペン黒インク 0.5mm	048
016	トンボ鉛筆	ZOOM L1 水性ゲルボールペン黒インク 0.5mm	050
017	トンボ鉛筆	ZOOM L2 油性ボールペン黒インク 0.5mm	052

018	トンボ鉛筆	モノグラフライト 0.5	054
019	野原工芸	木のボールペン・スタンダード スタビメープル瘤 2 色 斑紋孔雀色	056
020	野原工芸	木のボールペン・スリム キハダ縮杢	058
021	野原工芸	木のボールペン・ロータリー 特上黒柿	060
022	パイロット	アクロドライブ 0.5mm	062
023	パイロット	ジュースアップ 0.4mm	064
024	パイロット	タイムライン エターナル 0.7mm	066
025	パイロット	フリクションボールノックゾーン （ウッドグリップ）0.5mm	068
026	ぺんてる	エナージェル インフリー	070
027	ぺんてる	エナージェル フィログラフィ	072
028	ぺんてる	カルム 単色ボールペン	074
029	三菱鉛筆	ジェットストリーム エッジ 0.28mm	076
030	三菱鉛筆	ジェットストリーム ラバーボディ	078
031	三菱鉛筆	ジェットストリーム プライム ノック式シングル 0.7mm	080
032	三菱鉛筆	ジェットストリーム 回転繰り出し式シングル	082
033	三菱鉛筆	ピュアモルト	084
034	三菱鉛筆	ユニボール ワン 0.38mm	086
035	無印良品	さらさら描けるゲルインキボールペン ノック式	088

CONTENTS

世界のボールペン 090

036	IWI（台湾）	フュージョン カーボンブラック ゲルペン	092
037	アウロラ（イタリア）	オプティマ グリーン ボールペン	094
038	ウォーターマン（フランス）	エキスパート エッセンシャル ブラックGT ボールペン	096
039	ウォーターマン（フランス）	メトロポリタン エッセンシャル ブラックCT ボールペン	098
040	エス・テー・デュポン （フランス）	デフィ ミレニアム ボールペン	100
041	オロビアンコ（イタリア）	ラ・スクリヴェリア ブラック GT ボールペン	102
042	カヴェコ（ドイツ）	スペシャル　ボールペンブラック	104
043	カランダッシュ（スイス）	849 ブリュットロゼ	106
044	カランダッシュ（スイス）	エクリドール アベニュー	108
045	カランダッシュ（スイス）	バリアス エボニー ローズゴールド ボールペン	110
046	カランダッシュ（スイス）	レマン グランブルー シルバープレート & ロジウムコート	112
047	グラビタスペン （アイルランド）	Twist-Skittle Matte	114
048	クロス（アメリカ）	センチュリーII	116
049	スティルフォーム（ドイツ）	stilform ARC　チタンマット	118
050	スティルフォーム（ドイツ）	stilform PEN　チタン	120
051	ステッドラー（ドイツ）	ボールペン 限定モデル・オールブラック	122
052	ステッドラー（ドイツ）	TRX 油性ボールペン ブルー	124
053	ステッドラー（ドイツ）	コンクリートボールペン	126
054	ディプロマット（ドイツ）	アエロ サンセットオレンジ ボールペン	128

055	パーカー（イギリス）	パーカー・IM ブラック GT ボールペン	130
056	パーカー（イギリス）	パーカー・アーバン プレミアム ネイビーブルーシズレ CT ボールペン	132
057	パーカー（イギリス）	ジョッター XL ブラック BT ボールペン	134
058	パーカー（イギリス）	ソネット プレミアム シズレ GT ボールペン	136
059	ファーバーカステル （ドイツ）	エモーション 梨の木 ダークブラウン ボールペン	138
060	ファーバーカステル （ドイツ）	伯爵コレクション クラシック エボニー プラチナコーティング ボールペン	140
061	フィッシャースペースペン （アメリカ）	リアルブレット 338	142
062	ペリカン（ドイツ）	スーベレーン K400 ブルーストライプ	144
063	ペリカン（ドイツ）	スーベレーン K800 ブルーストライプ	146
064	モンブラン（ドイツ）	スターウォーカー ドゥエ ボールペン	148
065	ラミー（ドイツ）	ラミー アルスター オールブラック ボールペン	150
066	ラミー（ドイツ）	ラミー ノト ブラック& シルバー ボールペン	152
067	ラミー（ドイツ）	ラミー ピコ ホワイト	154
068	ラミー（ドイツ）	ラミー サファリ ボールペン	156
069	ラミー（ドイツ）	ラミー 2000 ブラックウッド ボールペン	158
070	ロットリング（ドイツ）	rOtring 600 アイアンブルー	160
071	ロットリング（ドイツ）	rOtring 800 ブラック	162
072	ロットリング（ドイツ）	ラピッドプロ シルバー	164
073	ロディア（フランス）	スクリプト ボールペン	166

PRODUCT NAME INDEX 168
PRODUCT PRICE INDEX 172

THE WORLD

HOW TO ENJOY THIS BOOK

本書の使い方

❶ メーカー名と商品名

商品名にはメーカーの想いやプライド、理想が宿る。

❷ インクの種類

インクの種類を色分けしています。
油性■　水性■　ゲル■
その他■

❸ ボールペンの外観

ボールペンのデザインはさまざまな角度から楽しみたい。キャップをつけたONとOFFの違いも。

❹ ペンの重心

ペン先から重心までの距離をしーさー自身で計測したもの。

❺ 分解結果とリフィル

リフィル交換時のようにペンを分解し、中のリフィルを紹介。

❻ ボールペンの特徴

特徴的な部分をピックアップして解説。

❼ スペック

正式名称からサイズ、重さ、リフィル規格まで細かく表示。

❽ ペン先と筆記線

実際にしーさーがA4のコピー用紙に書いた筆記線とペン先を表示。

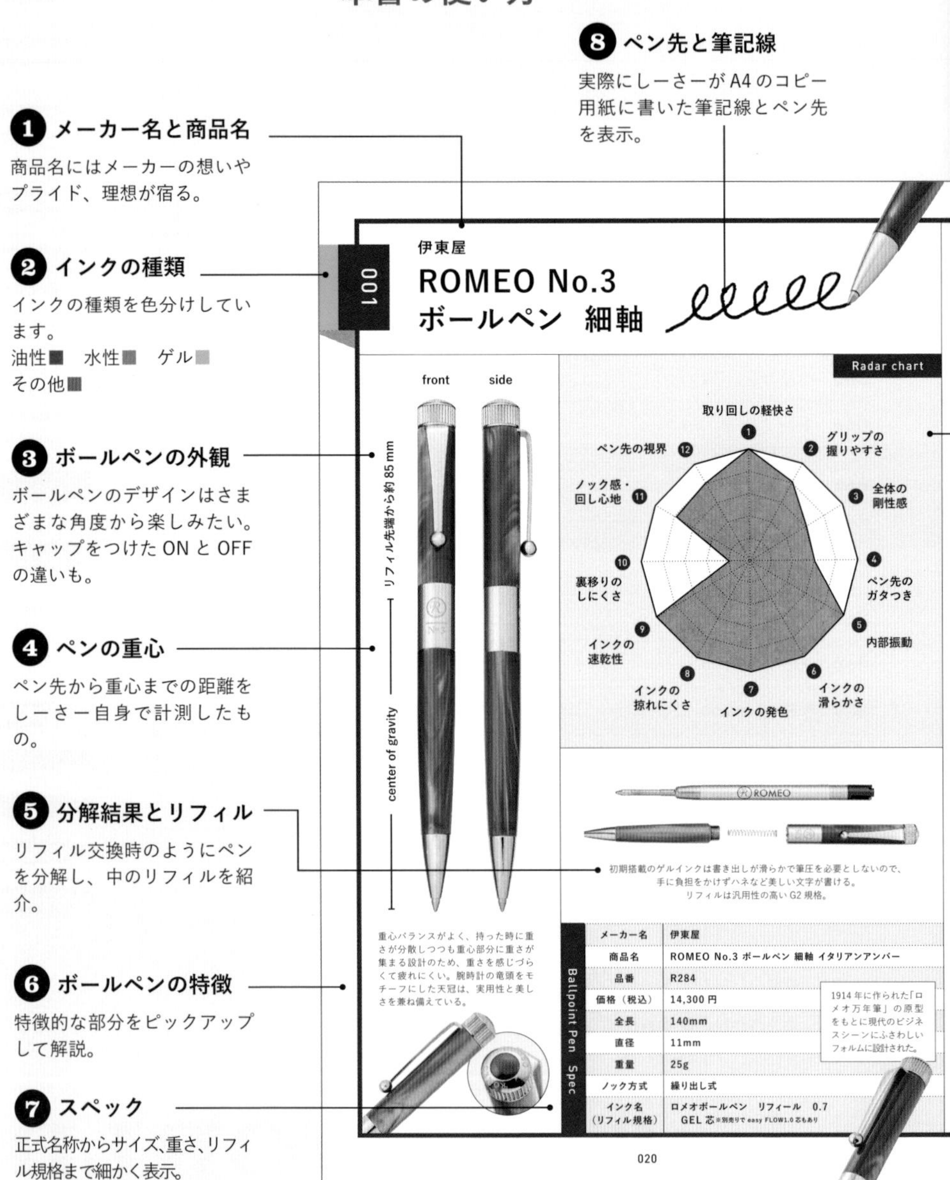

メーカー名	伊東屋
商品名	ROMEO No.3 ボールペン 細軸 イタリアンアンバー
品番	R284
価格（税込）	14,300円
全長	140mm
直径	11mm
重量	25g
ノック方式	繰り出し式
インク名（リフィル規格）	ロメオボールペン　リフィール　0.7 GEL芯 ※別売りでeasy FLOW1.0芯もあり

❾ レーダーチャートと解説

12 の細密項目を設定し、使用した感想と解説を星 5 評価でまとめている。

見た目からは想像できない、衝撃的な書きやすさ

総評

とにかく美しすぎるボールペン。ボディの樹脂は上品なマーブル模様。1 本 1 本模様が異なる、芸術的なボールペンである。腕時計の竜頭をモチーフにした天冠には“大切な時間をこの筆記具と共に過ごしていただきたい”という想いが込められている。天冠を回すことでリフィルが繰り出される。段差のない流線型ボディは、どんな人でも握りやすい。低重心かつ重心部分に重さが集中しているため非常に書きやすい。大切な人へのギフトに最適であろう。

1	取り回しの軽快さ ★★★★★	このペンの軽快さには驚く。スペックの数値をいい意味で裏切ってくれる。ペンの中心部分に重たいパーツが集中しているため、ペンが自走する感覚に陥る。
2	グリップの握りやすさ ★★★★☆	段差のないボディでストレスフリーに握れる。ただ、ツルツルのアクリルボディなので、人によっては滑りやすいかも。
3	全体の剛性感 ★★★☆☆	アクリルボディはいわゆる樹脂ボディなので、剛性感は普通。
4	ペン先のガタつき ★★★☆☆	ややガタつく。書いている時にカチャカチャ音が鳴る時があった。
5	内部振動 ★★★★★	回転繰り出し式ということもあり、内部振動は皆無。
6	インクの滑らかさ ★★★★★	抵抗が少なく、滑らかに書くことができた。
7	インクの発色 ★★★★★	水性インクだけあり、濃さのある黒色だった。
8	インクの掠れにくさ ★★★★★	ほとんど掠れなかった。インクがずっと途切れないのは好ポイント。
9	インクの速乾性 ★★★★★	書いた直後に擦ってもほとんど伸びなかった。
10	裏移りのしにくさ ★☆☆☆☆	インクの出がいい分、裏移りはしやすい。
11	ノック感・回し心地 ★★★★☆	やさしい力で回せる。また、少しひねると勝手に戻ってくれる。個人的にはもう少し重厚感があったほうが ROMEO の雰囲気に合っていると思った。
12	ペン先の視界 ★★★★☆	口金がシュッと細くなっているため、視界は良好。

まとめ

びっくりするほど書きやすい。
勉強からビジネスシーンまで幅広くおすすめ。

こちらも CHECK

021

❿ ボールペンの総評

ペンの特徴をひと言にまとめて表現。

⓫ 解説本文

ボールペンの楽しさ、成り立ちなどを紹介。

⓬ QR コード

YouTube 解説動画のあるものは、こちらもチェックを。

⓭ まとめ

どんな人におすすめかを紹介。

BALLPOINT PEN BASICS

ボールペンのきほん

普段からよく使うボールペンですが、
構造や特性のきほんはあまり知られていません。
奥深い魅力を知ってシーンや用途別に使い分けてみましょう。

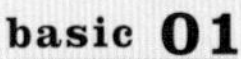

ボールペンの構造

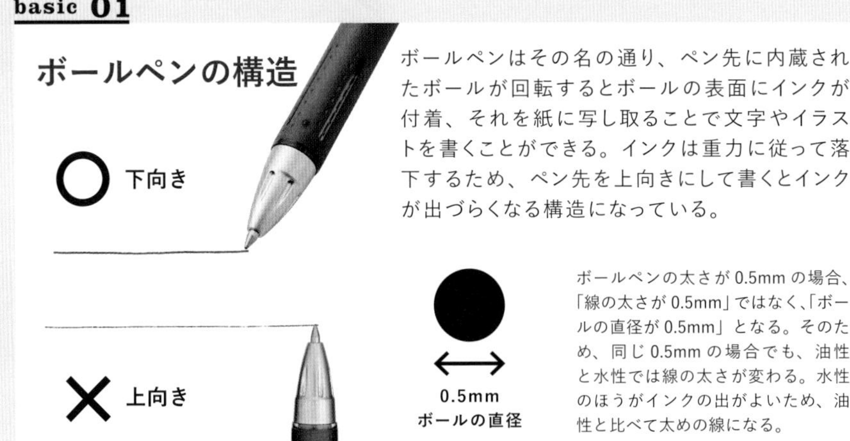

ボールペンはその名の通り、ペン先に内蔵されたボールが回転するとボールの表面にインクが付着、それを紙に写し取ることで文字やイラストを書くことができる。インクは重力に従って落下するため、ペン先を上向きにして書くとインクが出づらくなる構造になっている。

ボールペンの太さが 0.5mm の場合、「線の太さが 0.5mm」ではなく、「ボールの直径が 0.5mm」となる。そのため、同じ 0.5mm の場合でも、油性と水性では線の太さが変わる。水性のほうがインクの出がよいため、油性と比べて太めの線になる。

basic 02

ボールペンの重心

低 余計な力を入れずに持つことができるため長時間使用しても疲れにくい。

高 ペン軸の上のほうを持って書く人には重心が高いほうが書きやすい。

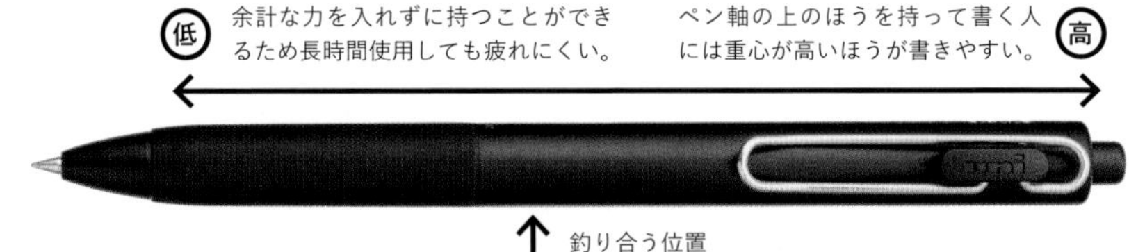

↑ 釣り合う位置

ボールペンの構造に合わせて決められている重心は書き心地や書き疲れに関係してくるため、各メーカーのこだわりが詰まっている。また、筆圧や握り方など書く人の個性によってもよし悪しが分かれるため、自分が気もちよく書ける重心バランスを知るのが大事。しーさー的にはボールペンの場合、低重心で書きやすいといえるのは、先端から 65 ～ 70mm と考えている。

basic 03

インクの種類と特性

見た目では違いがよくわからないインクの種類。大きくは「油性」「水性」「ゲル」の3種類に分けられ、速乾性やにじみ、書き味などに関係するため、それぞれの特性を把握することが大切だ。

油性インク

にじみにくいため、公文書や複写伝票など、さまざまな紙に適した実用性の高いインク。耐水性、耐光性が高いのも特徴。水性、ゲルと比べると掠(かす)れやすいのが難点だが、筆記距離が長くランニングコストを低く抑えられるのが魅力。

水性インク

インクの粘度が低いため、軽快でスムーズな書き心地が味わえる。筆圧が弱くても書きやすく、インクの発色が鮮やかでカラーバリエーションも豊富。インクの減りが早いのが難点。インクが乾燥しやすいため、キャップ式であることが多い。

ゲルインク

水性インクにゲル化剤を加えているため通常は粘度が高いが、筆記時には水性ボールペン並に粘度が低くなる特性がある。油性のにじみの少なさと、水性の発色のよさと滑らかさの両方を兼ね備えたインク。幅広い用途で使えるが、インクの減りが早いのが難点。

	油性ボールペン	水性ボールペン	ゲルインクボールペン
インク特性	油性	水性	水性
粘度	高	低	低～中
書き味	ヌラヌラ（やや重め）	サラサラ（軽め）	サラサラ（軽め）
にじみ	なし	あり	なし
インク溜まり	溜まりにくい	溜まりにくい	溜まりにくい
書き出し	掠れやすい	掠れない	掠れない

※一般的な特性であり、商品によって異なります。

basic 04

その他にこんなインクも！

エマルジョンインク

ゼブラ社が開発した水性と油性インクを「3：7」の割合で混ぜて作ったインク。どちらかというと油性寄りだが、滑らかで掠れにくいのが特徴。

消せるインク

温度変化によって書いた線が消える顔料を配合したゲル状の特殊なインク。摩擦熱によって文字を消すことができる。公文書などには使えない。

basic 05

ペン先の種類

ペン先のボールとボールを支える金属製のホルダー部分を合わせて「チップ」と呼ぶ。チップはおもに「コーンチップ」「ニードルチップ」「シナジーチップ」の3種類に分かれ、ボール径が同じペン先でも形状が異なることで書き味が変わる。

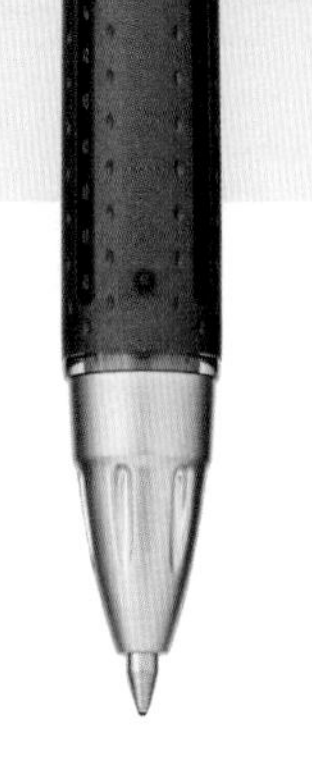

コーンチップ

一般的なボールペンのほとんどに採用されているのがこの形。丈夫な円すい状のペン先で、インク流れもスムーズ。細かい文字を書く時には視界が悪く感じる。

ニードルチップ

極細ボールペンに使われるチップ、針のような細いペン先が特徴。滑らかな書き味が楽しめる反面、耐久性は低い。ペン先の視界が非常によく、細かい文字を書くのに向いている。

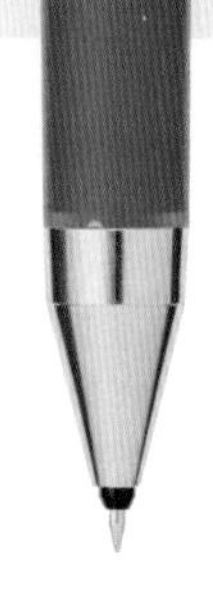

シナジーチップ

パイロット社が開発した「コーンチップ」と「ニードルチップ」のいいところを融合させたもの。丈夫で細書きにも向いている。

basic 06

ペン先の出し方

使うシーンや好みに合わせて選びたいのがペン先の出し方。「営業マンには音がしない回転式がおすすめ」など使うシーンによって最適な方式が異なる。商品によってノック感や回し心地が大きく異なる。自分の気に入ったものだと、使うたびにテンションが上がる。書き味やデザインだけではなく、ここにも注目して欲しい。

ノック式

片手で出せてすぐに使える機動力の高さが一番の魅力。勉強やメモ書きに向いている。商談の場面でカチャカチャ音がすると品がないと思われる可能性もあり、注意が必要。ノック式でも音の小さいモデルもある。（カランダッシュ等）

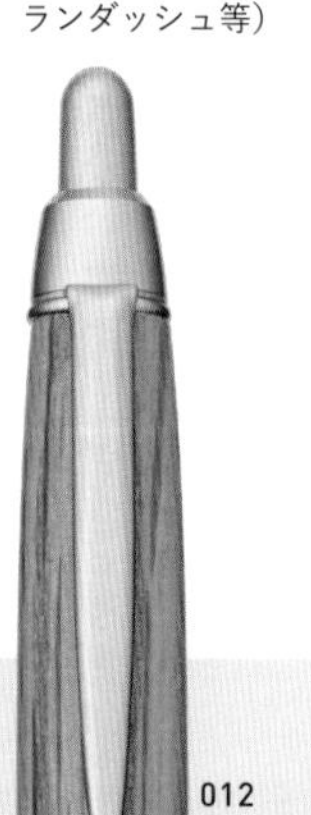

回転式

高級価格帯に多いのがボールペンを回転させてペン先を出すタイプ。ゆっくりと出てくる様は、大人の筆記具感を醸し出す。音がしないため、ビジネスシーンに最適。

キャップ式

気密性が高いため、乾燥しやすい水性ボールペンで多く使われている方式。使いはじめるまでに時間がかかるため、メモ書きには不向きだが、キャップを開ける「儀式」に大人の余裕を感じる。

basic 07

リフィル

ボールペンのリフィルは国際的に使用される標準的な規格と、各メーカーが独自に開発・製造している規格がある。リフィルの規格が同一な場合は、メーカーが異なっても互換性をもつが、誤差などありトラブルが起こることもある。ここでは馴染みのある代表的な規格を紹介する。

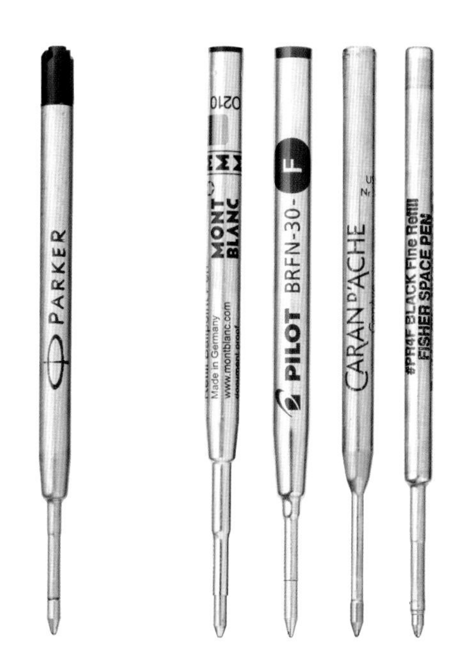

ISO 規格／ D 型

国内外の多機能ペンに多く使われている、コンパクトな金属製リフィル。ここで強調しておきたいのが、形状がよく似た「4C 規格」と「D 型」はサイズが異なるため混同しないように注意しなくてはいけないこと。「4C 規格」はゼブラの独自規格であり「D 型」よりリフィルの直径が若干太め。そのため、D 型対応の多機能ペンに 4C 規格のリフィルを入れると、リフィルをホールドする穴が広がってしまい、D 型のリフィルがホールドされなくなってしまう。「4C リフィルはゼブラだけで使う」と覚えておこう。

ISO 規格／ G2 型

イギリスの老舗筆記具ブランドであるパーカーからはじまったため、別名「パーカータイプ」と呼ばれている。海外ブランドの多くの油性ボールペンがこの規格を採用しており、互換性が高いリフィルになっている。

メーカーオリジナル規格

ブランドごとに規格された専用リフィルのため、基本は互換性をもちません。文具店でのリフィル販売は限りがあるため、あまり有名でないブランドのリフィルは Amazon などのネットで購入するのがおすすめ。

BALLPOINT PEN
HOW TO CHOOSE
ボールペンの選び方

ボールペンは手書きをするための道具です。
使うシーンを想定し、その時に欲しい要素はどんなものなのか
イメージしてみてください。きっと、自分だけの運命の1本に出合えるはずです。

シーン別

SCENE

どんな状況の時に使うのか。使うシーンが変われば必要となる機能はまったく変わります。目的に合わせて、最適な1本を選び取ることも筆記具の楽しみのひとつ。

1 勉強で大量筆記、長時間筆記する

A4用紙などにザーッと書き出して勉強する場合、長時間筆記しても疲れないグリップが好ましい。太めでラバーグリップだと長時間握っても疲れにくい。また、取り回しの軽快さも重要になる。

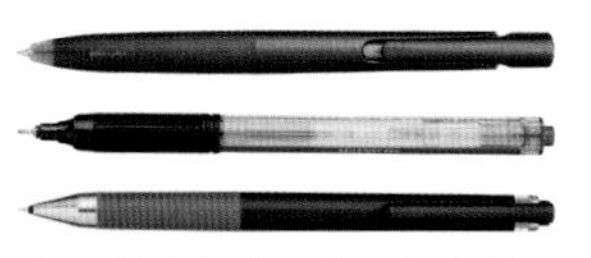

ブレン（ゼブラ）／モノグラフライト（トンボ鉛筆）／ジュースアップ（パイロット）など

2 ノートまとめ、レポートを書く

あとで読み返しやすいよう、発色がよくにじみにくいゲルインクを使うのがおすすめ。また、ノートをきれいにまとめたい場合、書き間違えたら消せるインクのほうが便利な場合も。長時間筆記しても疲れないグリップがいいだろう。

おすすめボールペン

ユニボール ワン（三菱鉛筆）／フリクションボールノックゾーン（パイロット）／ジュースアップ（パイロット）など

3 アイデア出し、考えをまとめる

デザイン性が高いクリエイティブなデザインペンを使うと、面白いアイデアが浮かんできやすい。重たくても気に入ったものを使って、とにかく気分を上げて書くのが大切になる。

おすすめボールペン

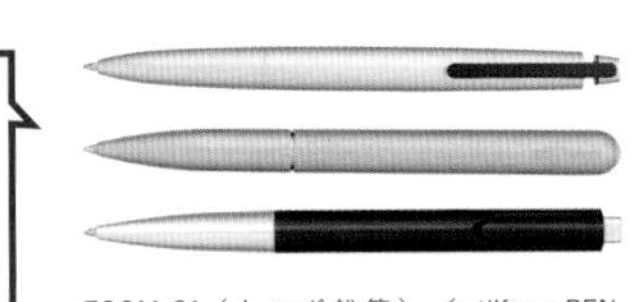

ZOOM C1（トンボ鉛筆）／stilform PEN（stilform）／noto（ラミー）など

4　電話などでササッとメモする

すぐにメモを取れるボールペンといえばやはり、機動力が必要になる。機動力が高い＝すぐに書きはじめられるのが、ノック式のボールペンである。ペン自体が軽く、素早く書ける軽快さも必要。

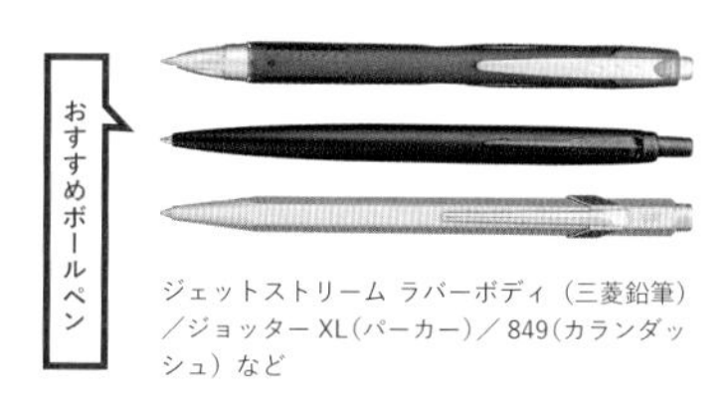

ジェットストリーム ラバーボディ（三菱鉛筆）／ジョッター XL（パーカー）／849（カランダッシュ）など

5　申込書や履歴書を書く

受け取る人にいい印象を持たせるために、発色がよく、掠れにくく、にじみにくいゲルインクのボールペンがおすすめ。こういうのは、案外安価なボールペンに多い。

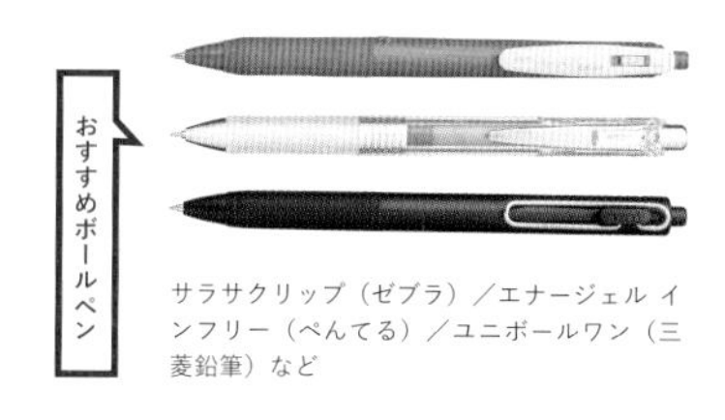

サラサクリップ（ゼブラ）／エナージェル インフリー（ぺんてる）／ユニボールワン（三菱鉛筆）など

6　契約書にサインする

自分が「ここぞ」という時に使いたい、思い入れのあるボールペンにするとよい。しーさーは掠れにくく、重厚感のあるボールペンを使っている。特別感のあるペンは「本当にサインしていいか」一度立ち止まって考え直させてくれる。

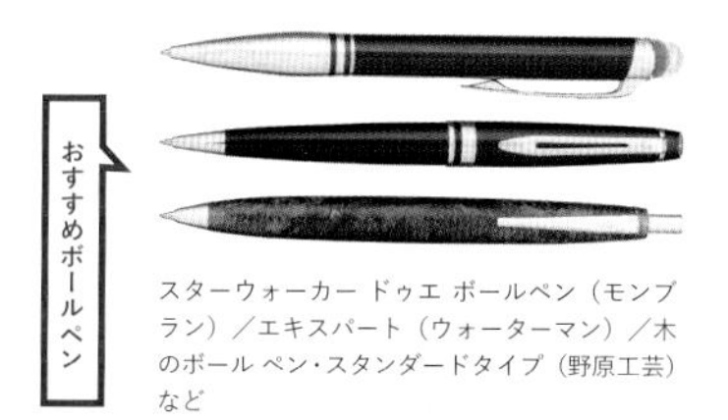

スターウォーカー ドゥエ ボールペン（モンブラン）／エキスパート（ウォーターマン）／木のボール ペン・スタンダードタイプ（野原工芸）など

7　手紙を書く

発色のいい水性インクやゲルインクがいい。ただし、はがきなど記入面が剥き出しになる場合はにじみづらい顔料入り、あるいは油性のインクを使うと安心。インクは黒が無難だがブルーやブラウンなど、カラーインクだと個性が出せる。

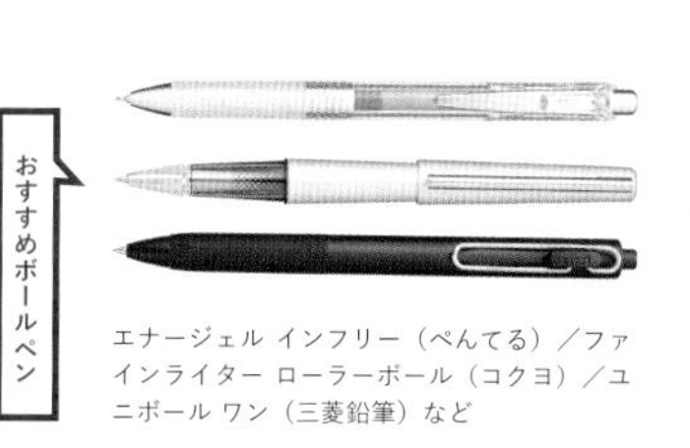

エナージェル インフリー（ぺんてる）／ファインライター ローラーボール（コクヨ）／ユニボール ワン（三菱鉛筆）など

8　手帳に書く

小さい手帳を使っている人は、手帳に挟みやすい短めなボールペンがおすすめ。ノック式ならすぐに書き出せる。油性インクのほうがインク切れの心配なく使える。色にこだわりたい人はゲルインクもいいだろう。

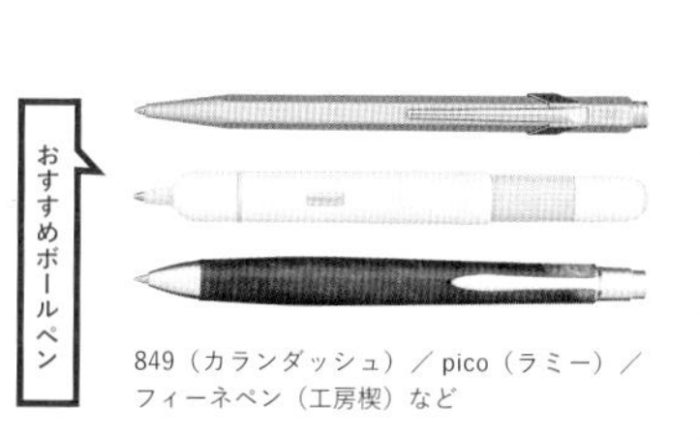

849（カランダッシュ）／pico（ラミー）／フィーネペン（工房楔）など

9 商談、営業する

できる人はいいボールペンを持っている。話し合いを邪魔しない、静かな回転式が望ましい。相手にサインしてもらう場合、上質で書き心地が優れたペンを渡したい。掠れにくく筆記振動の少ない「こだわりのペン」がいいだろう。

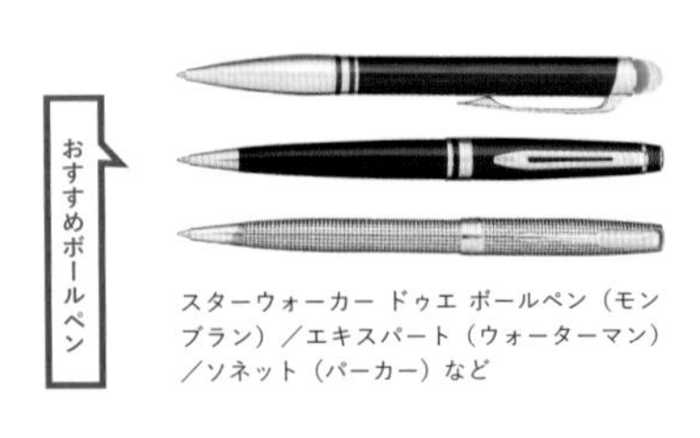

スターウォーカー ドゥエ ボールペン（モンブラン）／エキスパート（ウォーターマン）／ソネット（パーカー）など

10 ギフトで贈る

所有欲を満たしてくれる、高級感がある見た目に優れたボールペンが喜ばれる。書き心地がいいだけでなく、握りやすさ、ノック感、回し心地がいいものがおすすめ。迷ったら、幅広いシーンで活躍する油性タイプにしよう。

ROMEO No.3（伊東屋）／ジョッター XL（パーカー）／ラミー 2000 木軸（ラミー）など

目的別

PURPOSE

使うシーンで選びたいペンの輪郭が見えてきたら、あとはどう楽しみたいかで探してみましょう。手書きの目的によって変わる、セレクトのポイントを解説します。

1 素早く書きたい

☑ 取り回しの軽快さ

スラスラと素早く書くには、取り回しの軽快さが必要不可欠。「軽量」「低重心」であれば、大抵の場合は軽快に筆記ができる。

☑ がっしり握れるグリップ

どれだけ軽快なボディであっても、握りにくかったら台無し。がっしり握れる直径10mm 前後のグリップで、滑りにくいラバーグリップなら完璧。

☑ 滑らかなインク

どれだけ軽快なボディであっても、引っ掛かりのあるインクだと台無し。抵抗の少ない水性、ゲルインクだと間違いない。油性でもアクロインキ、ジェットストリームなど滑らかなものも存在する。

2 きれいな字を書きたい

☑ ペン先のガタつき＆視界

ペン先が紙に触れた際にガタつくと、書きたい場所とズレてしまい、思い通りの文字が書けなくなってしまう。その際、ペン先の視界がよいほうが書きたい位置を正確に捉えられる。

☑ 全長が長いペン

面白いことに、全長が長いと字をきれいに書ける。動きが制御されことでゆったり書けるので、丁寧な文字になる。

☑ 水性インク／ゲルインクがおすすめ

油性はヌラヌラ滑るような感覚があり、個人的には水性、ゲルインクのほうがきれいに書きやすい。また、掠れが少なく発色もいいため、文字がうまく仕上がる。

3 高級感、上質なボールペンを楽しみたい

☑ 質感が高い

上質な質感だと所有欲が満たされ、使うたびにテンションが上がる。世の中には高額でもそこまで質感が高くないペンもある。実物やしーさーの動画を観て、感動したものを買って欲しい。

☑ 重たいペン

重量も所有欲に大きく関係する。人は単純で、重いだけで「よいもの」と判断し、愛着が湧くから不思議だ。重たいと書き心地が重厚になり、書く時に気分が上がる。

☑ ノック感

ノック感、回し心地も重要だ。書く時に一番最初にする動作は、ペン先を出すこと。つまり、この動作が気もちいいか否かで、モチベーションは大きく左右される。

☑ ペン先のガタつき

ペン先のガタつきが大きいと「このブランドは精度が低いのか…」と思ってしまう。せっかく高いお金を出すなら、ガタつきの大きさも要チェック。

☑ 内部振動

内部振動とは、ペン内部から生じる筆記振動。内部振動がまったくないペンは、書いていて質のよさを実感できる。ペンを軽く叩くだけでも筆記振動を調べられるので、ぜひ試してみて欲しい。

☑ インクの掠れにくさ

インクの掠れにくさは、筆記の美しさに直結する。せっかくいいボールペンを使うのなら、はっきりとした線で描きたいものだろう。

☑ インクの滑らかさ

インクが滑らかだと書いていて楽しく、上質感を得られる。重厚なボディ×滑らかなインク＝神ボールペン。

4 書き心地を楽しみたい

☑ 全体の剛性感

書き心地を楽しむために一番大事なポイントが、剛性感。剛性が高いと、重厚な書き心地を楽しめる。重たい金属ボディのペンが好ましい。また、リフィルの素材も金属製だと全体の剛性感が高まる。

☑ ペン先のガタつき

ペン先がガタつくと、カチャカチャした書き心地で安っぽく感じてしまう。ガタつきは小さければ小さいほうがいい。

☑ 内部振動

部品同士に隙間があると、書いている時にカタカタ振動してしまい、安っぽい書き心地に。ペン先のガタつき同様、内部振動も小さいほうがいい。ノック式は構造上、内部振動が起こりやすい。回転式、キャップ式は内部振動が起こりにくい。

☑ インクの滑らかさ

インクは滑らかなほうが思い通りにペンを操れている気がして楽しい。しーさー的には、油性インクのヌラヌラ感が好きだが、水性のサラサラ感を好む人も多い。

5 ランニングコストを抑えたい

☑ 油性は消耗がゆっくり

油性インクは水性と比べて乾き気味だが、その分長持ちする。

☑ 大容量リフィル

金属製リフィルは樹脂製に比べてインクタンクの容量が大きい。世の中には8kmの筆記距離を誇る油性リフィル（カランダッシュのゴリアットカートリッジ）があるほど。金属製のリフィルは単価こそ高いが、長持ちするため、樹脂製のリフィルと比べてランニングコストは大きく変わらない。

SEASAR'S

BALLPOINT PEN ENCYCLOPEDIA

日本生まれの
ボールペン

MADE IN JAPAN

伊東屋／工房 楔／コクヨ／サクラクレパス／
サンスター文具／セーラー万年筆／ゼブラ／トンボ鉛筆／
野原工芸／パイロット／ぺんてる／
三菱鉛筆／無印良品

コスパと実用性が最強レベル

日本のボールペンは、インクのクオリティが高いわりに安いのが特徴です。200円あれば十分いいものが買えてしまうのは、日本のブランドだけでしょう。各メーカーがしのぎを削って独自でインクを開発しているため、買って失敗する可能性は低いです。そして色展開、ボール径の展開も豊富で、海外からも高い評価を得ています。日本は漢字という細かい文字を書く文化があり、細い線を書くことができるモデルも多くあります。コスパを重視しつつ実用的なボールペンが欲しいと考えている人は、正直、日本のボールペン一択です。

001

伊東屋

ROMEO No.3 ボールペン　細軸

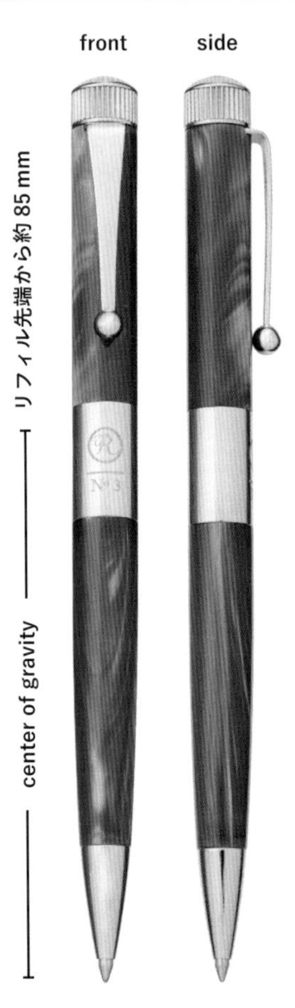

重心バランスがよく、持った時に重さが分散しつつも重心部分に重さが集まる設計のため、重さを感じづらくて疲れにくい。腕時計の竜頭をモチーフにした天冠は、実用性と美しさを兼ね備えている。

Radar chart

① 取り回しの軽快さ
② グリップの握りやすさ
③ 全体の剛性感
④ ペン先のガタつき
⑤ 内部振動
⑥ インクの滑らかさ
⑦ インクの発色
⑧ インクの掠れにくさ
⑨ インクの速乾性
⑩ 裏移りのしにくさ
⑪ ノック感・回し心地
⑫ ペン先の視界

初期搭載のゲルインクは書き出しが滑らかで筆圧を必要としないので、手に負担をかけずハネなど美しい文字が書ける。
リフィルは汎用性の高い G2 規格。

Ballpoint Pen Spec

メーカー名	伊東屋
商品名	ROMEO No.3 ボールペン 細軸 イタリアンアンバー
品番	R284
価格（税込）	14,300 円
全長	140mm
直径	11mm
重量	25g
ノック方式	繰り出し式
インク名（リフィル規格）	ロメオボールペン　リフィール　0.7 GEL 芯※別売りで easy FLOW1.0 芯もあり

1914 年に作られた「ロメオ万年筆」の原型をもとに現代のビジネスシーンにふさわしいフォルムに設計された。

見た目からは想像できない、衝撃的な書きやすさ

総評

とにかく美しすぎるボールペン。ボディの樹脂は上品なマーブル模様。１本１本模様が異なる、芸術的なボールペンである。腕時計の竜頭をモチーフにした天冠には“大切な時間をこの筆記具と共に過ごしていただきたい”という想いが込められている。天冠を回すことでリフィルが繰り出される。段差のない流線型ボディは、どんな人でも握りやすい。低重心かつ重心部分に重さが集中しているため非常に書きやすい。大切な人へのギフトに最適であろう。

1	取り回しの軽快さ ★★★★★	このペンの軽快さには驚く。スペックの数値をいい意味で裏切ってくれる。ペンの中心部分に重たいパーツが集中しているため、ペンが自走する感覚に陥る。
2	グリップの握りやすさ ★★★★☆	段差のないボディでストレスフリーに握れる。ただ、ツルツルのアクリルボディなので、人によっては滑りやすいかも。
3	全体の剛性感 ★★★☆☆	アクリルボディはいわゆる樹脂ボディなので、剛性感は普通。
4	ペン先のガタつき ★★★☆☆	ややガタつく。書いている時にカチャカチャ音が鳴る時があった。
5	内部振動 ★★★★★	回転繰り出し式ということもあり、内部振動は皆無。
6	インクの滑らかさ ★★★★★	抵抗が少なく、滑らかに書くことができた。
7	インクの発色 ★★★★★	水性インクだけあり、濃さのある黒色だった。
8	インクの掠れにくさ ★★★★★	ほとんど掠れなかった。インクがずっと途切れないのは好ポイント。
9	インクの速乾性 ★★★★★	書いた直後に擦ってもほとんど伸びなかった。
10	裏移りのしにくさ ★☆☆☆☆	インクの出がいい分、裏移りはしやすい。
11	ノック感・回し心地 ★★★★☆	やさしい力で回せる。また、少しひねると勝手に戻ってくれる。個人的にはもう少し重厚感があったほうが ROMEO の雰囲気に合っていると思った。
12	ペン先の視界 ★★★★☆	口金がシュッと細くなっているため、視界は良好。

まとめ

びっくりするほど書きやすい。勉強からビジネスシーンまで幅広くおすすめ。

こちらもCHECK

002

工房 楔

フィーネペン 花梨紅白

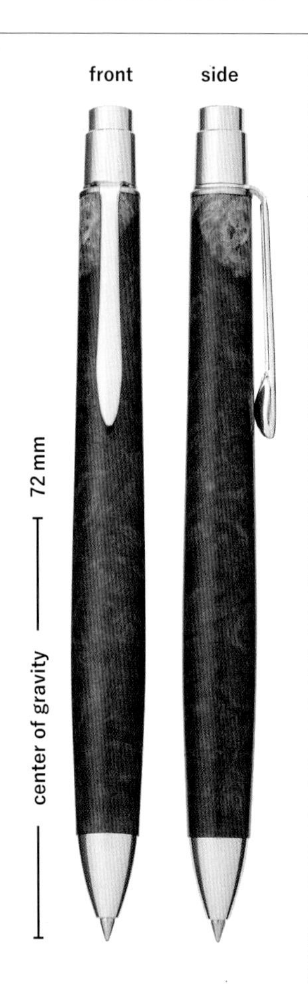

Radar chart

1 取り回しの軽快さ
2 グリップの握りやすさ
3 全体の剛性感
4 ペン先のガタつき
5 内部振動
6 インクの滑らかさ
7 インクの発色
8 インクの掠れにくさ
9 インクの速乾性
10 裏移りのしにくさ
11 ノック感・回し心地
12 ペン先の視界

G2 規格なので汎用性が高く、金属リフィルなので剛性も高い。

ころんと丸くなった口金のデザインも特徴のひとつ。かわいい。

Ballpoint Pen Spec

メーカー名	工房　楔（セツ）
商品名	フィーネペン 花梨紅白
品番	ー
価格（税込）	8,800 円～ 55,000 円 ※木の種類、杢のレベルで変わる
全長	129mm
直径	11.5mm
重量	16g ～ 25 g ほど
ノック方式	ノック式
インク名（リフィル規格）	シュミット　イージーフロー（G2 規格）

熟練の技術で1本1本丁寧に仕上げられている。握りやすさを考慮した丸みを帯びたフォルムは、手にかかる負担を軽減してくれる。

女性でも握りやすいコンパクトな木軸ボディ

総評

フィーネペンは工房楔のスリムボディのボールペンという位置づけ。それでもグリップは12mmあり太軸ではあるが、ルーチェペン（P.024）と比べてコンパクトなサイズ感なので持ち運びがしやすい。ペン先のガタつきや内部振動が抑えられている。

ショートボディであるため、筆記時に手との一体感を感じやすくたくさん文字を書く人におすすめしたい。個人的にはルーチェペンよりフィーネペンのほうがボールペンとしての完成度が高いと感じる。

1	取り回しの軽快さ ★★★★☆	ショートボディのため軽快に筆記ができる。
2	グリップの握りやすさ ★★★★★	太軸が好きな自分にとっては、握り心地もちょうどいいサイズ。
3	全体の剛性感 ★★★★☆	適度な重さがあり、書いてる時に程よい剛性感を得られる。
4	ペン先のガタつき ★★★★☆	ガタつきは若干感じるが、普段使いではあまり気にならないレベル。
5	内部振動 ★★★★★	書いている時に内部振動はほとんど感じなかった。
6	インクの滑らかさ ★★★★★	適度な滑らかさ。シュミット イージーフローは油性っぽくないサラサラした書き味で、紙によっては引っかかりを感じるので注意が必要。
7	インクの発色 ★★★★☆	発色はいいほう。黒インクは茶色っぽい色味になっている。
8	インクの掠れにくさ ★★★★☆	シュミット イージーフローは油性の中では掠れにくいほうで、水性インクのような筆跡である。
9	インクの速乾性 ★★★★★	5秒ほど時間が経っても指で擦ると線が伸びてしまう。
10	裏移りのしにくさ ★★★★★	ほとんど裏移りしなかった。
11	ノック感・回し心地 ★★★★☆	静かなノック音なので外でも使いやすい。滑らかではあるがカランダッシュ（P.106～）のノック感と比べると、メカ感がある。
12	ペン先の視界 ★★☆☆☆	口金が太いため、ややペン先の視界は劣るが、細かい文字を書く人以外は気にならないだろう。

非常に実用性の高い木軸ペン。たくさん文字を書く人にもおすすめ。

こちらもCHECK

003

工房 楔

ルーチェペン マーブルウッド

Radar chart

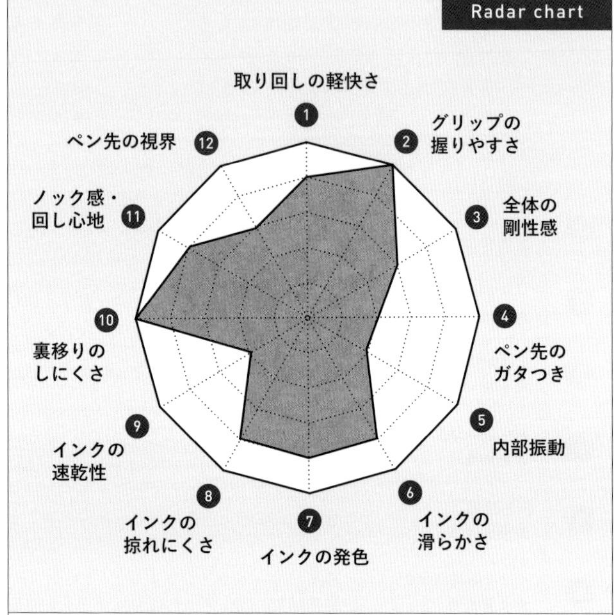

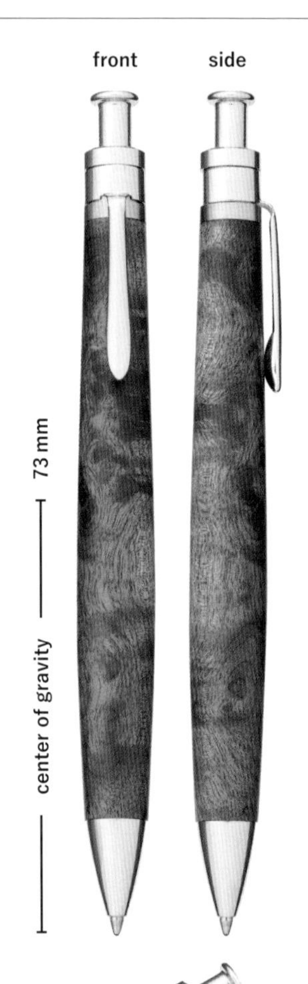

クリップは取り外し可能。ノック部の天井は膨らんでおり、ノックした際に圧力が分散され指にやさしい。

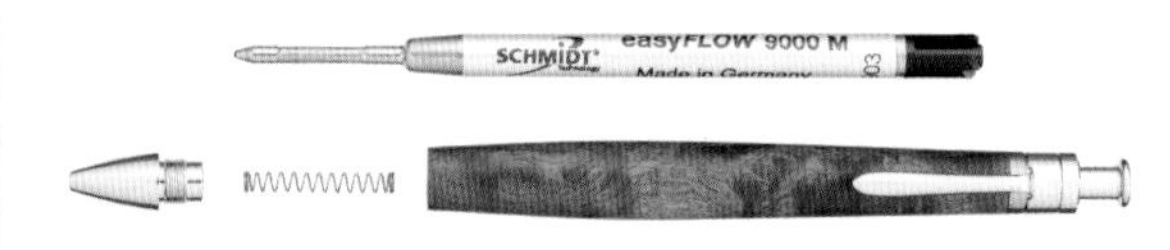

G2 規格のシュミット イージーフロー 9000M を搭載。
G2 規格なので汎用性が高く、金属リフィルなので剛性も高い。

Ballpoint Pen Spec

メーカー名	工房　楔（セツ）
商品名	ルーチェペン マーブルウッド
品番	ー
価格（税込）	8,800 円～ 55,000 円 ※木の種類、杢のレベルで変わる
全長	138mm
直径	13mm
重量	16g ～ 25 gほど
ノック方式	ノック式
インク名（リフィル規格）	シュミット　イージーフロー（G2 規格）

ルーチェペンは同社のペンシル楔と外観がほぼ同じ。

もはやアート、
工房楔の代表木軸ボールペン

総評

厳選した木材を使いペンにする工房楔は、変わった杢目(もくめ)の文具ばかりで、思わずたくさん集めてしまう。ルーチェペンは工房楔を代表するボールペンである。なだらかに膨らむボディの形状は木軸と相性がいい。かなり太いボディなので太軸が苦手な人は注意が必要。

書いてみて気になるのはペン先のガタつき。もう少し小さければよかった。同じく木軸ボールペンで有名な野原工芸と違い全体的に軽めな書き心地のため、個人的にはもう少し剛性感が欲しいところ。リフィルはG2規格なので他社の好きなインクと交換できる。

1	取り回しの軽快さ ★★★★☆	重量は20グラムを超えるが、ペンの体積のわりには軽く感じる。書いていても、そこまで重さは感じなかった。
2	グリップの握りやすさ ★★★★★	太軸が好きな自分にとってはこのがっしり感がいい。
3	全体の剛性感 ★★★☆☆	剛性感はそこまで感じなかった。書いている時は木材特有の軽やかさを感じる。
4	ペン先のガタつき ★★☆☆☆	ペン先のガタつきは、やや大きく感じた。書いている時にカチャカチャ音がすることがあるのでマイナスポイント。
5	内部振動 ★★☆☆☆	書いている時にノック部分から振動を感じる時がある。
6	インクの滑らかさ ★★★★☆	適度な滑らかさ。シュミット イージーフローは油性っぽくないサラサラした書き味で、紙によっては引っかかりを感じるので注意が必要。
7	インクの発色 ★★★★☆	発色はいいほう。黒インクは茶色っぽい色味になっている。
8	インクの掠れにくさ ★★★★☆	シュミット イージーフローは油性の中では掠れにくいほうで、水性インクのような筆跡である。
9	インクの速乾性 ★★☆☆☆	5秒ほど時間が経っても指で擦ると線が伸びてしまう。
10	裏移りのしにくさ ★★★★★	ほとんど裏移りしなかった。
11	ノック感・回し心地 ★★★★☆	しっかりとしたノック感で気もちがいい。ただ、どこか擦れる感覚がある。ノック音はうるさい。
12	ペン先の視界 ★★★☆☆	平均的である。

杢目の奥深さを感じたい人におすすめ。

こちらもCHECK

コクヨ

ローラーボール

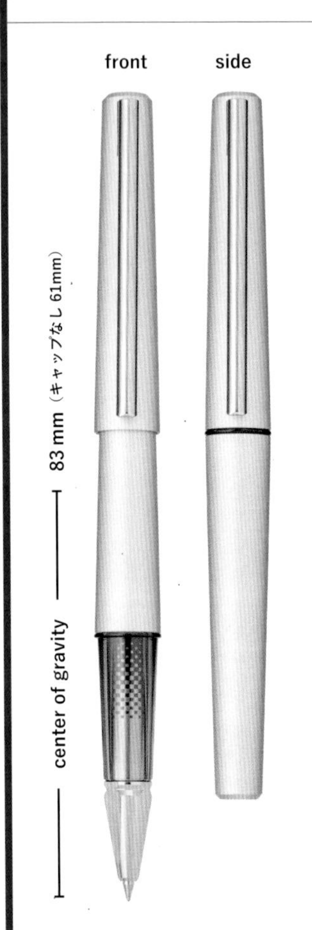

Radar chart

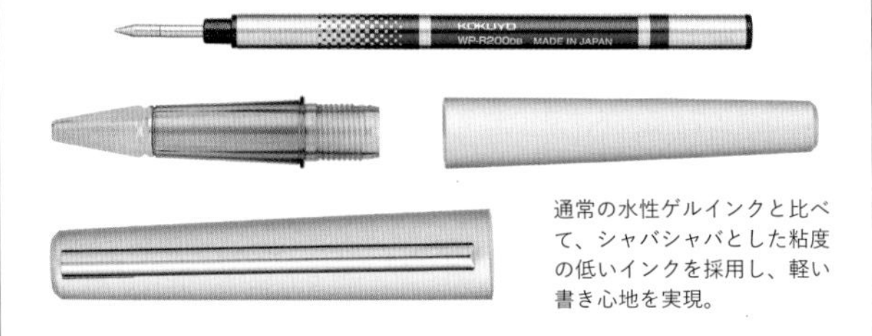

通常の水性ゲルインクと比べて、シャバシャバとした粘度の低いインクを採用し、軽い書き心地を実現。

キャップと本体軸はアルミ無垢材から切り出したシャープな形状で、ブラスト加工とアルマイト処理で上品かつマットな仕上げ。

クリップは、キャップや本体軸に調和するエッジが際立ったデザインに。

Ballpoint Pen Spec

メーカー名	コクヨ
商品名	ローラーボール
品番	WP-F200C
価格（税込）	4,400 円
全長	122.5 mm（クリップ除く）
直径	13.6mm（最大径Φ）
重量	25g
ノック方式	キャップ式
インク名（リフィル規格）	ブルーブラック（水性顔料インク）

粘度の低いインクで豊かな表現を提供してくれる

総評

サラサラとした書き心地が特徴的なローラーボール。粘度の低いインクはペンを走らせる速度を調整することで排出量が調整され、筆記の太さや濃淡の表現に幅を持たせることができる。
ペン先は三角に削ぎ落とされ、一部にくびれが作られた形状。グリップ部分は透明で、内部にあるリフィルの特徴的なデザインを伺うことができる。
リフィルを含む見た目のスタイリッシュさに加え、軽快な書き味を求めるユーザーにドハマりする商品だろう。

1	取り回しの軽快さ ★★★★★	キャップを取り外すと軽快に筆記ができた。
2	グリップの握りやすさ ★★★☆☆	グリップはほどよく三角形になっており、指にフィットする感覚がある。ただ、グリップと軸の間の段差が気になった。
3	全体の剛性感 ★★★☆☆	軽量ボディで、ガッチリ感はそこまで感じない。グリップ部分は樹脂製。
4	ペン先のガタつき ★★★★★	ペン先のガタつきはほとんど感じなかった。
5	内部振動 ★★★★★	キャップ式でリフィルがペンに固定されているため、内部振動は限りなくゼロに近い。
6	インクの滑らかさ ★★★★★	積極的なインクフローで、抵抗が少なく滑らかに書ける。
7	インクの発色 ★★★★★	発色はかなりいい。ブルーブラックであるが、ダークなエメラルドグリーンの色味がとてもきれい。
8	インクの掠れにくさ ★★★★★	インクのフローがよく、ほとんど掠れなかった。
9	インクの速乾性 ★★★★★	書いた直後に擦ってもほとんど伸びなかった。
10	裏移りのしにくさ ★☆☆☆☆	シャバシャバとした粘度の低いインクで、フローがいいので裏移りしやすい。裏移りしにくい紙に使おう。
11	ノック感・回し心地 ★★☆☆☆	キャップを外す際、少し硬めな印象を受けた。気もちいいクリック感ではない。
12	ペン先の視界 ★★★☆☆	口金の断面は三角形という独特な形状だが、視界は平均的である。

まとめ

インクのドバドバ感が楽しい。筆跡に味が出るので、日記や手紙などの「残る文字」を書くのにおすすめ。

サクラクレパス

SAKURA craft_lab 001

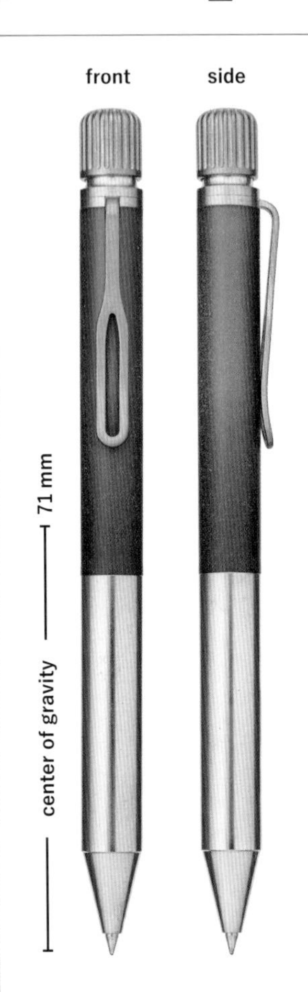

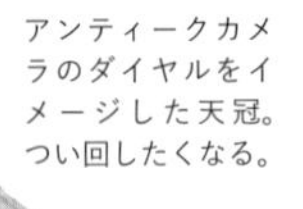

アンティークカメラのダイヤルをイメージした天冠。つい回したくなる。

Radar chart

1. 取り回しの軽快さ
2. グリップの握りやすさ
3. 全体の剛性感
4. ペン先のガタつき
5. 内部振動
6. インクの滑らかさ
7. インクの発色
8. インクの掠れにくさ
9. インクの速乾性
10. 裏移りのしにくさ
11. ノック感・回し心地
12. ペン先の視界

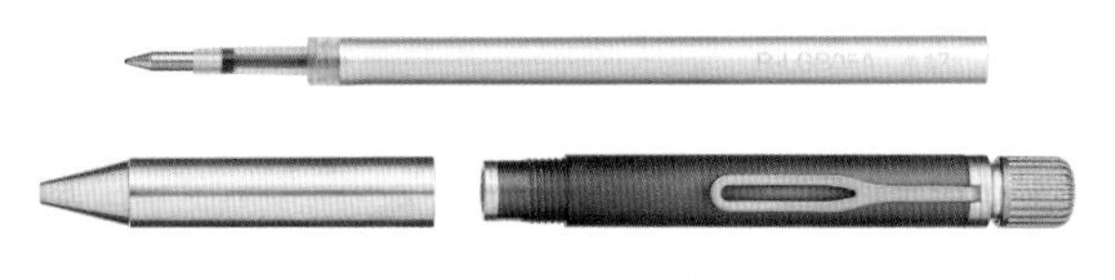

"WE ARE COLORING THE FUTURE" を掲げるサクラクレパスらしく、こだわり尽くした6種類の黒がラインアップされている。
※今回使用したインクはブラウンブラック。

Ballpoint Pen Spec

メーカー名	サクラクレパス
商品名	SAKURA craft_lab 001
品番	LGB5005 #
価格（税込）	5,500 円
全長	131mm
直径	10.5mm
重量	34g
ノック方式	回転繰り出し式
インク名（リフィル規格）	ブラウンブラック（R-LGB05A）0.5mm 径

クリップはアンティークの眼鏡のテンプルがモチーフ。

激渋なゲルインキボールペン

総評

アンティークのような、大人の落ち着きを感じられるボールペン。
持ち手はシンプルな形状の真鍮製。指につく金属の匂いが苦手な人は避けたほうが無難だろう。上部にはアンティークカメラをモチーフにした真鍮製の天冠。天面にはサクラクレパスのロゴが刻印されている。この天冠をひねることで芯が繰り出される。
クリップはアンティーク眼鏡のテンプルをモチーフにしている。このペンをスーツジャケットの胸ポケットに収めることで、ファッショナブルな装いにできる。

1	取り回しの軽快さ ★★☆☆☆	ずっしりしていくる上に、重心もやや高め。早く書ことは期待しないほうがいい。
2	グリップの握りやすさ ★★★☆☆	金属棒を持ってるような握り心地である。注意が必要なのが、握ると金属の匂いが指につくこと。
3	全体の剛性感 ★★★★☆	真鍮グリップを使用しているためガッチリしているが、樹脂リフィルなので書き心地に柔らかさがある。
4	ペン先のガタつき ★★★★☆	ガタつきは小さいほうで、普段使いなら気にならない。
5	内部振動 ★★★★★	回転繰り出し式で、内部振動は皆無。一体感を感じて筆記することができる。
6	インクの滑らかさ ★★★☆☆	適度な滑らかさで、字がきれいに書ける。筆圧を加えると引っ掛かりが強くなる。
7	インクの発色 ★★★★☆	使用したブラウンブラックインクは、茶色と灰色を組み合わせたような色味でやや薄い印象があったが、クラフトラボらしい好みな発色。
8	インクの掠れにくさ ★★★★★	インクのフローがよく、ほとんど掠れなかった。
9	インクの速乾性 ★★☆☆☆	書いた直後に指で擦ると線が伸びやすかった。5 秒ほど経過しても線が伸びることがある。
10	裏移りのしにくさ ★★★☆☆	水性インクのわりに裏移りが少なかった。A4 コピー用紙でも使えなくはない。
11	ノック感・回し心地 ★★★★★	見た目通り、ずっしりとした重厚な回し心地。ローレット加工されたダイヤルのため、回しやすい。少しひねると勝手に戻ってくれるのも高評価。
12	ペン先の視界 ★★★☆☆	平均的である。

まとめ

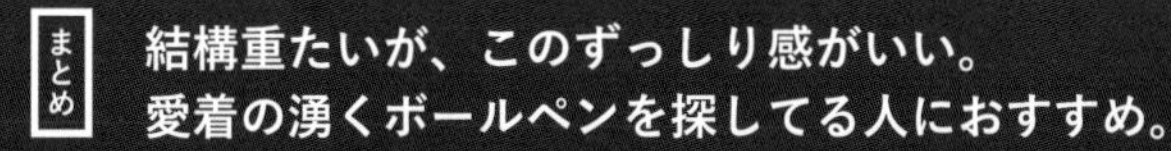

こちらも CHECK

006

サクラクレパス

SAKURA craft_lab 002

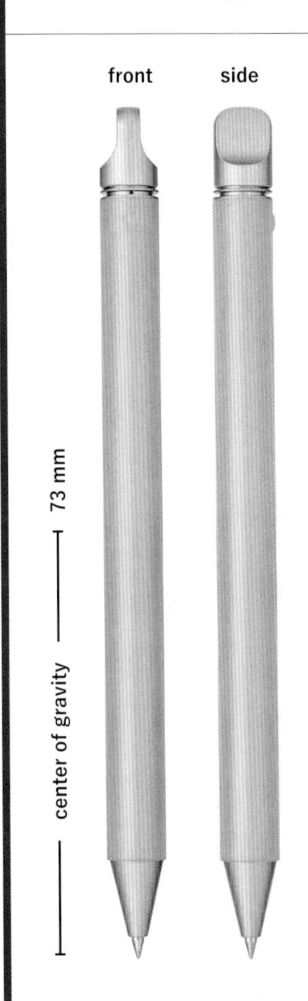

ペン先はクーピーと同じ段差、シルエットになっている。ボディカラーは10種類のバリエーションがある。好きなカラーを気分に合わせて使うのもおすすめ。

Radar chart

1 取り回しの軽快さ
2 グリップの握りやすさ
3 全体の剛性感
4 ペン先のガタつき
5 内部振動
6 インクの滑らかさ
7 インクの発色
8 インクの掠れにくさ
9 インクの速乾性
10 裏移りのしにくさ
11 ノック感・回し心地
12 ペン先の視界

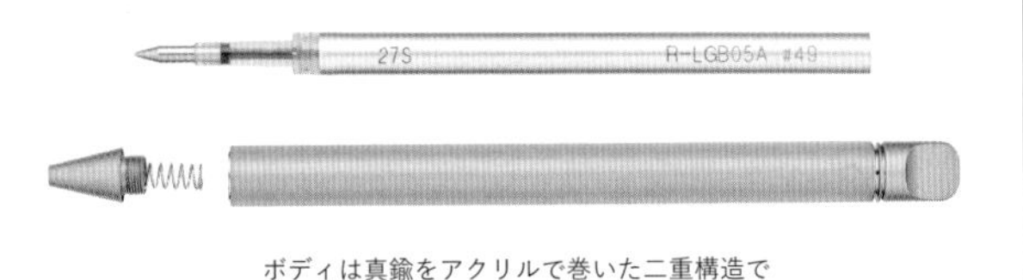

ボディは真鍮をアクリルで巻いた二重構造で絶妙な色合いを表現している。

Ballpoint Pen Spec

メーカー名	サクラクレパス
商品名	SAKURA craft_lab 002
品番	LGB2205#
価格（税込）	2,420円
全長	140mm
直径	10.5mm
重量	23g
ノック方式	回転繰り出し式
インク名（リフィル規格）	ブラック（R-LGB05A）0.5mm径 ※初期装着（レフィルは別売含め全6種）

つまみを回すとペン先が出る遊び心のある作り。

かつての無邪気さを思い出す

総評

“新しい懐かしい、をつくる” をコンセプトに立ち上げられたサクラクレパスの高級ペンシリーズ SAKURA craft_lab にて、サクラクレパス社の歴史が詰まったクーピーペンシルが大人向けに再登場。002 のキャチコピーは “大人のクーピー” で、誰もがかつて使ったことのあるクーピーペンシルをモチーフにしたカラーは、懐かしいあの頃の自分を思い出させる。“あの頃使っていたクーピー” を大人になって使える喜びを感じられるだろう。

1	取り回しの軽快さ ★★★★☆	適度な重量感があるが、バランスがよく軽快さがある。
2	グリップの握りやすさ ★★★★☆	ザラザラしたブラスト加工のボディは滑りにくく、握りやすかった。
3	全体の剛性感 ★★★☆☆	真鍮ボディではあるが、そこまで剛性は感じなかった。樹脂リフィルなので書き心地に少し柔らかさがある。
4	ペン先のガタつき ★★★★★	ペン先のガタつきはほとんど感じなかった。
5	内部振動 ★★★★★	内部振動はほとんど感じなかった。一体感を感じる書き心地。
6	インクの滑らかさ ★★★☆☆	滑らかすぎないため、字が書きやすい。筆圧を加えると引っ掛かりが強くなる。
7	インクの発色 ★★★★☆	発色はいいほう。黒インクは、灰色っぽい色味であった。
8	インクの掠れにくさ ★★★★★	インクのフローがよく、ほとんど掠れなかった。
9	インクの速乾性 ★★☆☆☆	書いた直後に指で擦ると線が伸びやすかった。5 秒ほど経過しても線が伸びることがあった。
10	裏移りのしにくさ ★★★☆☆	水性インクのわりに裏移りが少なかった。A4 コピー用紙でも使えなくはない。
11	ノック感・回し心地 ★★★★★	001（P.028）と似た、重厚な回し心地。少しひねると、ゆっくりリフィルが収納される。
12	ペン先の視界 ★★★☆☆	平均的である。

まとめ

勉強でも仕事でも幅広く使えるボールペン。
クリップはないので注意。

007

サクラクレパス

SAKURA craft_lab 006

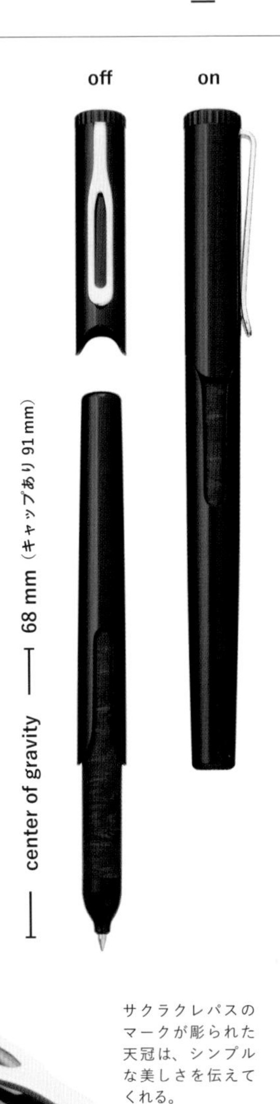

サクラクレパスのマークが彫られた天冠は、シンプルな美しさを伝えてくれる。

Radar chart

1 取り回しの軽快さ
2 グリップの握りやすさ
3 全体の剛性感
4 ペン先のガタつき
5 内部振動
6 インクの滑らかさ
7 インクの発色
8 インクの掠れにくさ
9 インクの速乾性
10 裏移りのしにくさ
11 ノック感・回し心地
12 ペン先の視界

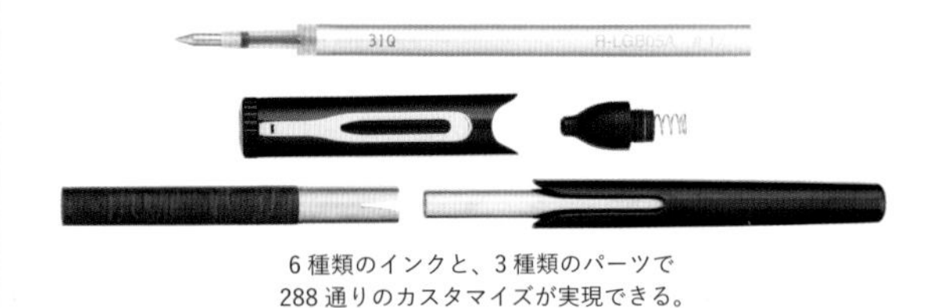

6 種類のインクと、3 種類のパーツで
288 通りのカスタマイズが実現できる。
※今回使用したインクはブラウンブラック。

Ballpoint Pen Spec

メーカー名	サクラクレパス
商品名	SAKURA craft_lab 006
品番	パーツごとに異なる
価格（税込）	28,050 円～ 34,650 円 ※レフィルは除く ※パーツの組合せによる
全長	145mm
直径	13mm
重量	41 ～ 59g ※パーツの組合せによる
ノック方式	キャップ式
インク名（リフィル規格）	ブラウンブラック（R-LGB05A）0.5mm 径

craft_lab 001（P.028）と共通するアンティーク眼鏡のテンプルを表現したクリップ。

288通りから選び、好みに合わせて作ることができる高級ボールペン

総評

288通りのカスタマイズで自分好みの1本を作れるSAKURA craft_lab 006。ひとつひとつのパーツの形状・色が洗練されているため、どの組み合わせでも美しい。ボディー・コア・クリップ・レフィルの素材や色をそれぞれ選ぶことができる。キャップを閉めても自分が選んだ軸がわずかに覗くボディデザインで、愛着をより湧かせてくれる。かなりの重量級なので、スラスラ書くのは難しい。また、キャップ式ということもあり、書きはじめるまでに少々時間がかかる。時間に余裕がある時にゆったり書きたいボールペンだ。

1	取り回しの軽快さ ★★☆☆☆	重たいボディのため、取り回しは軽快ではない。
2	グリップの握りやすさ ★★☆☆☆	グリップ部分は段差があり、慣れないうちは違和感を感じる。
3	全体の剛性感 ★★★★☆	真鍮ボディのためガッチリしている。しかし樹脂リフィルなので筆記時は少し柔らかさも感じられる。
4	ペン先のガタつき ★★★★★	ペン先のガタつきはほとんど感じなかった。
5	内部振動 ★★★★★	キャップ式でリフィルがペンに固定されているため、内部振動は限りなくゼロに近い。
6	インクの滑らかさ ★★★☆☆	ちょうどいい滑らかさで字が書きやすい。筆圧を加えると引っ掛かりを感じる。
7	インクの発色 ★★★★☆	使用したインクは茶色と灰色を組み合わせたような色味のブラウンブラック。やや薄いが、クラフトラボらしい発色で好み。
8	インクの掠れにくさ ★★★★★	インクのフローがよく、ほとんど掠れなかった。
9	インクの速乾性 ★★☆☆☆	書いた直後に指で擦ると線が伸びやすかった。5秒ほど経過しても線が伸びることがあった。
10	裏移りのしにくさ ★★★☆☆	水性インクのわりに裏移りが少なかった。A4コピー用紙でも使えなくはない。
11	ノック感・回し心地 ★★☆☆☆	キャップの開閉は硬く摩擦を感じた。また、キャップとボディの波打った形状を合わせないといけないので、やや閉めにくい。
12	ペン先の視界 ★★★☆☆	口金は太いが、シュッと窪んだ形状の口金なので、視界は悪くない。

まとめ

重量級であり、握りやすくもないので筆記性能はイマイチ。自分好みにカスタムできる究極に趣味性の高いボールペン。

800

サクラクレパス

ボールサインiD

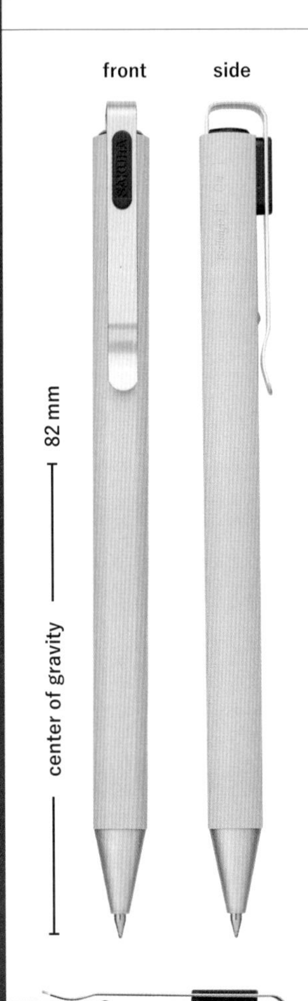

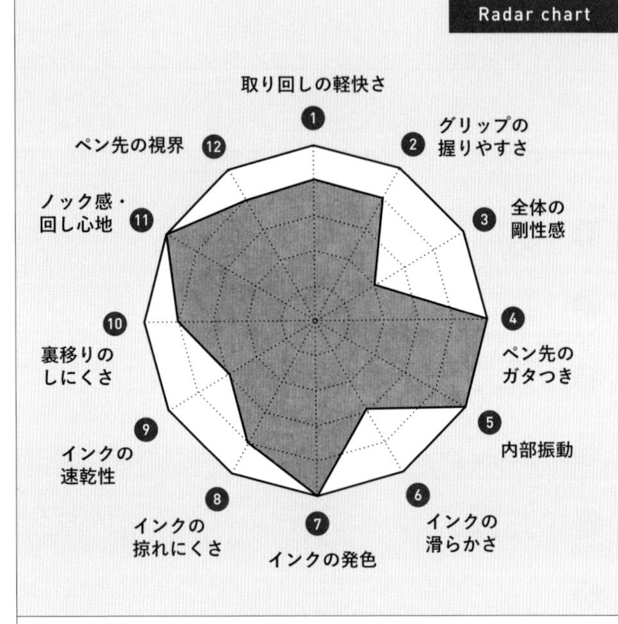

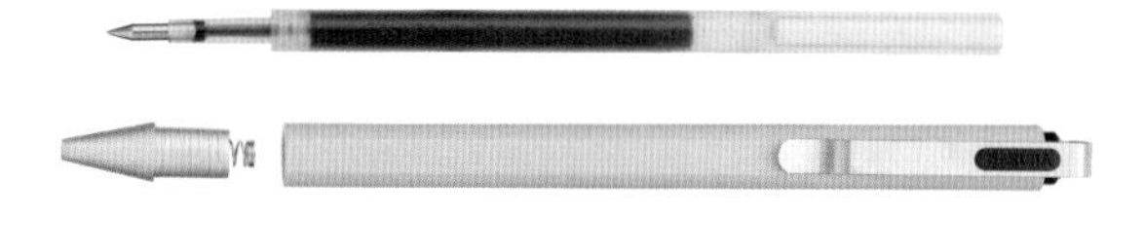

6色の黒インキを選ぶことができるため、個性の違いを楽しめる。

ボディは六角形と丸形を組み合わせた独特の形状で手にフィットする。クリップ裏の突起はホールド時の固定に活躍。

Ballpoint Pen Spec

メーカー名	サクラクレパス
商品名	ボールサイン iD
品番	GBR204#
価格（税込）	220円
全長	145mm
直径	11mm
重量	10g
ノック方式	ノック式
インク名（リフィル規格）	ピュアブラック（R-GBN04）0.4mm径

「R」のような幅広い形の金属クリップがペン全体の柔らかい存在感を作っている。

黒色インクに自分の個性を忍ばせる

総評

インクはブラック6種展開。ピュアなブラックに加え赤や緑など他色が混ぜられた黒があり、黒の中にさりげなく好みを反映させることができる。“自分の黒を選ぶ”＝“独自性（identity）”からiDと名付けられた。
天面を覆うように伸びる存在感のある金属クリップはノック用途を兼ねている。ボディは六角形と丸形を掛け合わせたようなデザイン。ありそうでなかった形状である。ただ、ボディと口金の形状の違いから生まれる段差が、筆記中にやや気になるかもしれない。

	項目	コメント
1	取り回しの軽快さ ★★★★☆	10gと軽量ではあるが重心が高いため、満点とはいかなかった。
2	グリップの握りやすさ ★★★★☆	適度に角張っているため、意外にもフィット感はあった。口金とボディの段差があるのでペンを先端のほうで持つ人は注意が必要。
3	全体の剛性感 ★★☆☆☆	樹脂ボディであるため、全体的に剛性感はイマイチ。
4	ペン先のガタつき ★★★★★	ペン先のガタつきはほとんど感じなかった。
5	内部振動 ★★★★★	内部振動はほとんど感じない。
6	インクの滑らかさ ★★★☆☆	滑らかすぎず、字がきれいに書ける。筆圧を加えた時は引っ掛かりが強くなった。
7	インクの発色 ★★★★★	発色がよく、ピュアブラックはしっかりとした黒を味わえる。
8	インクの掠れにくさ ★★★★☆	基本的には掠れないが、筆圧を加えると掠れる時があった。
9	インクの速乾性 ★★★☆☆	書いた3秒後に指で擦ると線が伸びた。5秒後は伸びなかった。
10	裏移りのしにくさ ★★★★☆	水性ゲルインキにしては少ないほう。
11	ノック感・回し心地 ★★★★★	引っかかりを感じない乾いたノック感で気もちがいい。
12	ペン先の視界 ★★★★☆	口金の形状は普通だが、先端のペン先は通常のボールペンよりも長く尖った形状になっており、視界はいいほう。

まとめ
普段使いに向いた“ちょうどいい”ゲルインキボールペン。
ノック感が大好き。

009

サンスター文具

mute-on
象のねごと

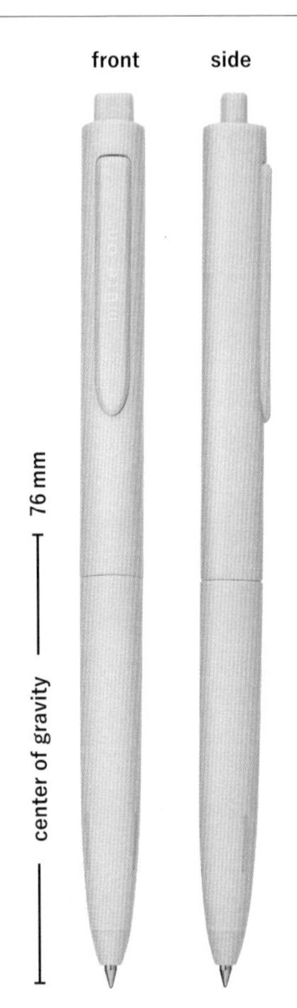

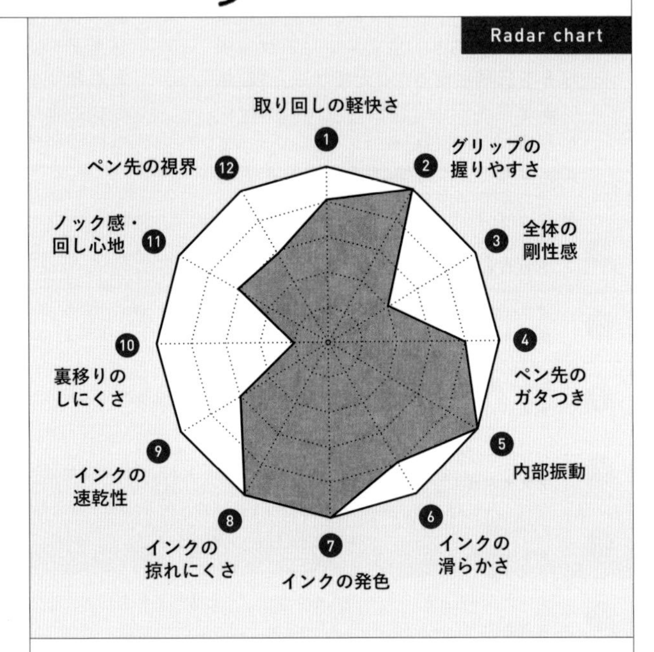

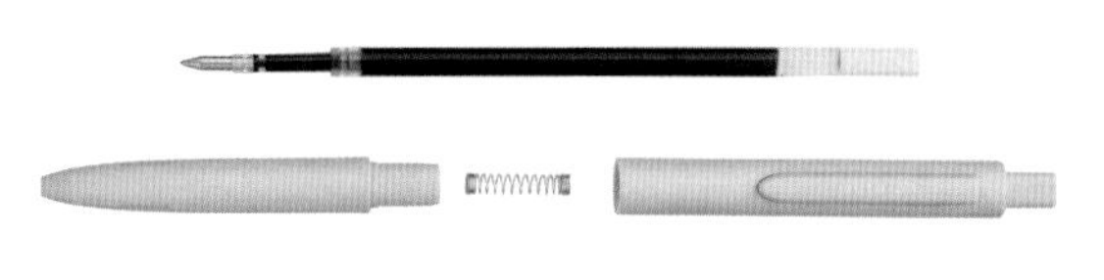

デザインも静寂そのもの。
色もロゴも目立たず、思考、筆記に集中できる。

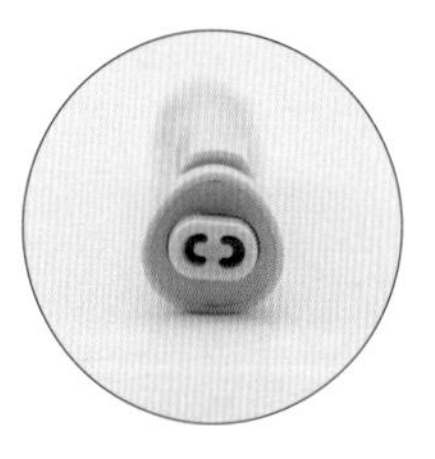

握りやすい三角軸の設計になっていて、手に馴染み筆記時にずれにくい。

Ballpoint Pen Spec

メーカー名	サンスター文具
商品名	mute-on 象のねごと
品番	S4652916
価格（税込）	264 円
全長	149mm
直径	11.3mm
重量	12g
ノック方式	ノック式
インク名（リフィル規格）	ブラック

ノック前にはクリップが出ているが、ノック後はクリップが消えて筆記を邪魔しない。

ノック式ボールペンで最も音がしないボールペン

総評

体感、ノック式ボールペンで最も音がしないボールペン。カチャっとした感じはなく、独特なノック感覚である。掲載した軸色は“象のねごと”。軸色は全８種で“静けさ”を感じるかわいらしい表現で展開されている。
インクは滑らかな書き心地の楽しめるゲルインク。
芯が出ている間はクリップがボディに収納されるギミックが付いており、芯を出したまま胸ポケットに挿すなどのうっかりを防ぐ機能も。周囲にも自分にも配慮されたボールペンである。

1	取り回しの軽快さ ★★★★☆	軽量で取り回しはいいほうだが、重心が高いのが気になった。
2	グリップの握りやすさ ★★★★★	円に近い三角ラバーグリップで握りやすかった。個人的には三角グリップはあまり好きじゃないが、これはいいと思う。
3	全体の剛性感 ★★☆☆☆	樹脂ボディであるため、剛性感は感じられない。
4	ペン先のガタつき ★★★★☆	ガタつきは小さく、気にならないレベル。
5	内部振動 ★★★★★	内部振動はほとんど感じない。
6	インクの滑らかさ ★★★★☆	適度な滑らかさがあるため、文字を書くのにちょうどいい。
7	インクの発色 ★★★★★	水性インクなだけあり、かなり黒い。しっかりと黒かった。
8	インクの掠れにくさ ★★★★★	インクのフローがよく、ほとんど掠れなかった。
9	インクの速乾性 ★★★☆☆	書いた３秒後に指で擦ると線が伸びた。５秒後は伸びなかった。
10	裏移りのしにくさ ★☆☆☆☆	インクの出がいい分、裏移りはしやすかった。裏移りしにくい特性の紙や厚い紙を使ったほうがいい。
11	ノック感・回し心地 ★★★☆☆	ノック音の静けさは圧倒的。ほぼ無音。ノック感は硬めなグミを噛んでる感触に近い。気もちいいノック感ではない。
12	ペン先の視界 ★★★☆☆	平均的である。

まとめ

お手頃で音がしない珍しいボールペン。
ゲルインクはしっかり発色し、文字が見やすい。

セーラー万年筆

プロフェッショナルギア インペリアルブラック ボールペン

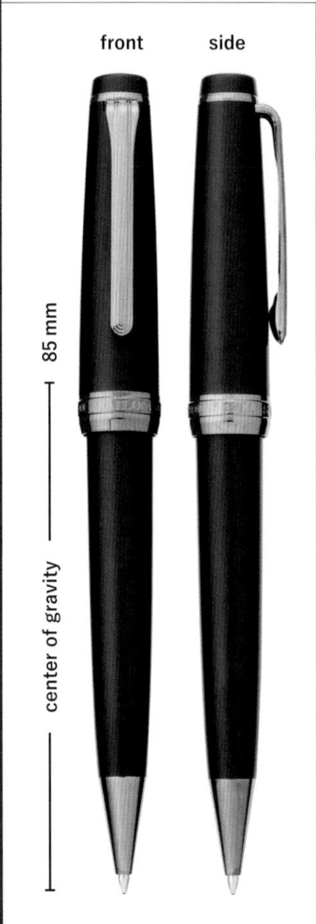

Radar chart

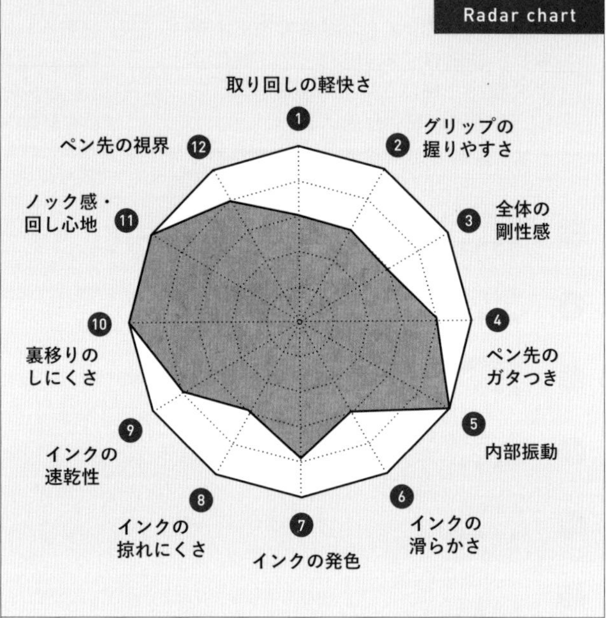

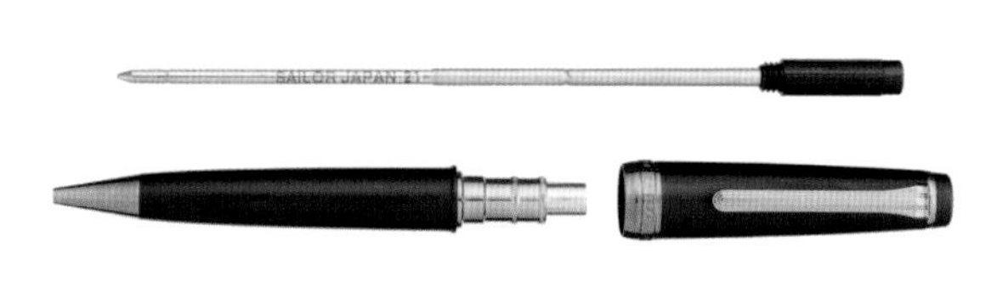

内部の金属パーツがペンを支えてくれるため、回し心地は重厚。

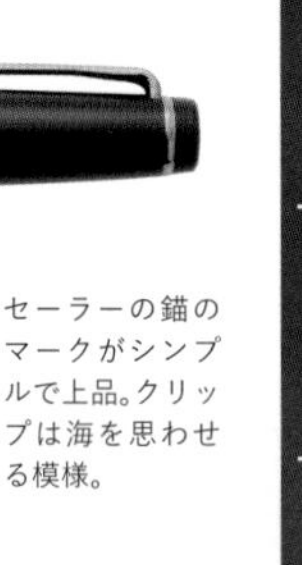

セーラーの錨のマークがシンプルで上品。クリップは海を思わせる模様。

Ballpoint Pen Spec

メーカー名	セーラー万年筆
商品名	プロフェッショナルギア インペリアルブラック ボールペン
品番	16-1028-620
価格（税込）	12,100円
全長	133mm
直径	17mm（クリップ部含む）
重量	28.8g
ノック方式	回転式
インク名（リフィル規格）	油性ブラック 1.0mm（18-0103）

うっすらと炭がかったダークグレーとマットブラックのボディが荘厳な美しさ。

万年筆ブランドらしい、万年筆のようなシルエットのボールペン

総評

広島県呉市からはじまった、日本初の国産万年筆ブランドであるセーラーのボールペン。フルブラックならではの堂々とした存在感を放つ。
艶消しのボディに、ペン先やクリップ・装飾リングはガンメタルな光沢。上部は万年筆の蓋のような形状であり、そこをひねることで芯が繰り出される。天冠にはセーラーの象徴である錨のエンブレムがあしらわれている。繰り出す際の回転（ツイスト）はヌルっとした静かな滑らかさがあり、会議中など静かな環境でも安心して使うことができる。

No.	項目	評価
1	取り回しの軽快さ ★★★☆☆	数値状は重たいが、握ってみると意外と軽く感じる。高重心だが、ペンの重心部分に重たいパーツの多くが集中しており、そこまで重さは感じなかった。
2	グリップの握りやすさ ★★★☆☆	強い力で握ると、書きながらツイストしてしまい、リフィルを収納してしまうことがあった。すべすべとしたボディだが、滑ることはなかった。
3	全体の剛性感 ★★★☆☆	PMMA 樹脂のボディであるため剛性はそこまで高くない。樹脂ボディのわりには内部の回転機構に金属を多く使っており、しっかり感がある。
4	ペン先のガタつき ★★★★☆	ガタつきは小さいほうで、普段使いなら気にならない。
5	内部振動 ★★★★★	回転繰り出し式のため、内部振動は皆無。
6	インクの滑らかさ ★★★☆☆	ヌラヌラとした油性っぽい適度な滑らかさがある。
7	インクの発色 ★★★★☆	油性の中では濃いほう。黒々とした発色で見やすい。
8	インクの掠れにくさ ★★★☆☆	たまに掠れることがあるが、許容範囲内。
9	インクの速乾性 ★★★★☆	書いた直後に擦ると線がぼやけることがあった。
10	裏移りのしにくさ ★★★★★	ほとんど裏移りしなかった。
11	ノック感・回し心地 ★★★★★	ヌルッとした滑らかさがある。やさしい力で回せて気もちいい。
12	ペン先の視界 ★★★★☆	口金がシュッと細くなっているため、視界は良好。

まとめ 胸ポケットに挟んでおきたい、超クールなボールペン。

011

ゼブラ

サラサグランド

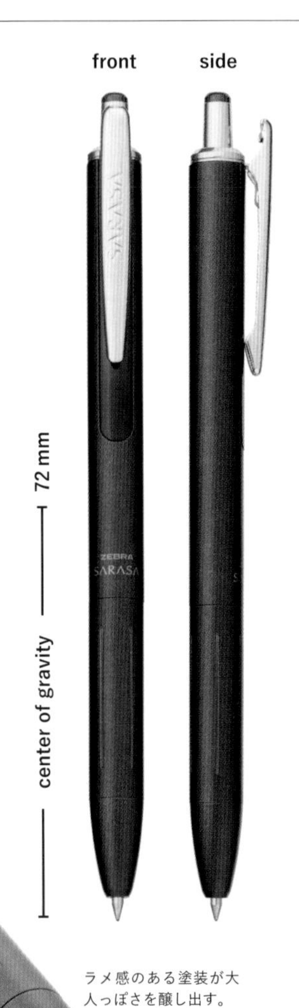

Radar chart

① 取り回しの軽快さ
② グリップの握りやすさ
③ 全体の剛性感
④ ペン先のガタつき
⑤ 内部振動
⑥ インクの滑らかさ
⑦ インクの発色
⑧ インクの掠れにくさ
⑨ インクの速乾性
⑩ 裏移りのしにくさ
⑪ ノック感・回し心地
⑫ ペン先の視界

水性顔料のジェルインクで、サラサラ滑らか。
耐水性にも優れている。カラーは、ビンテージ感のあるシックなラインアップ。

ラメ感のある塗装が大人っぽさを醸し出す。

先端の内側に樹脂パーツがあり、筆記振動を抑えている。

Ballpoint Pen Spec

メーカー名	ゼブラ
商品名	サラサグランド ブラウングレー
品番	P-JJ56-VEG
価格（税込）	1,100 円
全長	143.1mm
直径	10.3mm
重量	24.2 g
ノック方式	ノック式
インク名（リフィル規格）	ジェル（JF 芯）

サラサシリーズならではの定番の挟みやすい金属クリップ。

金属ボディにも力を入れた高級サラサ　総評

ひと言でいうとサラサクリップ（P.042）の高級モデル。真鍮ボディのため高い剛性感があり、ペン先のガタつきも抑えられている。サラサクリップほどではないがクリップは開きやすい。胸ポケットに入れやすく、ビジネスシーンでも活躍する。

リフィルは従来のサラサと同じ形状なので、お手頃モデルとランニングコストが変わらないのも魅力的。僕が買ったのはブラウングレー。インクの色もブラウングレーだから、ブラウンが好きな僕には堪らない。

1	取り回しの軽快さ ★★☆☆☆	ずっしりしたボディで重心はやや高め。正直書いていて重たく感じる。
2	グリップの握りやすさ ★★★☆☆	すべすべしたグリップなので極度に乾燥していると滑ることもあるが、使っていて滑ることはなかった。
3	全体の剛性感 ★★★★☆	真鍮ボディであり、ボディの剛性は高い。ただリフィルが樹脂製のため、書き味はやや柔らかい印象を受ける。
4	ペン先のガタつき ★★★★☆	ガタつきは若干感じるが、2020年にリニューアルする前のサラサグランドと比べると小さくなった。普段使いではあまり気にならないレベル。
5	内部振動 ★★★★★	内部振動は抑えられている。サラサクリップでは細かい振動を感じるが、それがなくなっている。
6	インクの滑らかさ ★★★☆☆	ボールが回転しているのがわかるサラサラとした書き味。他の水性インクと比べるとやや引っかかりを感じる。
7	インクの発色 ★★★★★	鮮やかな発色が特徴のサラサ。落ち着いた色だが、薄いと感じることはなかった。
8	インクの掠れにくさ ★★★★☆	ゆっくり書く分にはいいが、素早くペンを走らせると掠れることも。
9	インクの速乾性 ★★★★★	書いた直後に擦ってもほとんど汚れなかった。
10	裏移りのしにくさ ★★★☆☆	ジェル（ゲル）インクのわりに裏移りが少なかった。A4コピー用紙でも使えなくはない。
11	ノック感・回し心地 ★★★★★	サラサクリップよりも上品でしっとりとしたノック感。音も抑えられており、外でも気兼ねなく使える。
12	ペン先の視界 ★★☆☆☆	ペン先のガタつきを小さくするパーツが入っているためなのか、口金が太く、視界はよくない。

重たいのでスラスラは書けない。ボディの中に好きなインクを入れて書きたい“こだわり派”におすすめ。

こちらもCHECK

012

ゼブラ

サラサクリップ

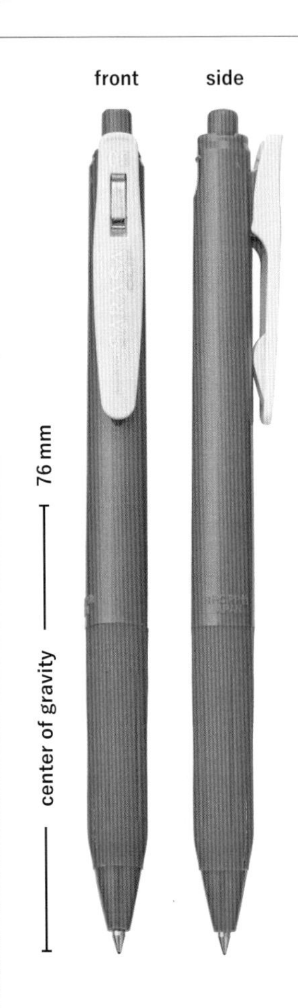

Radar chart

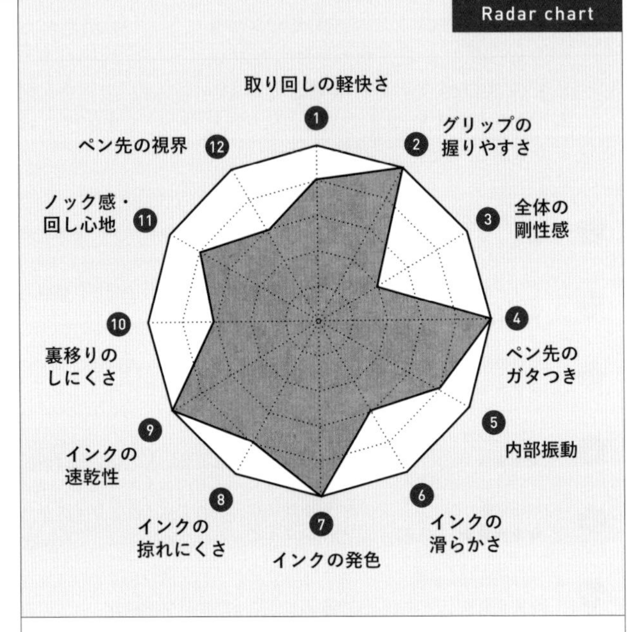

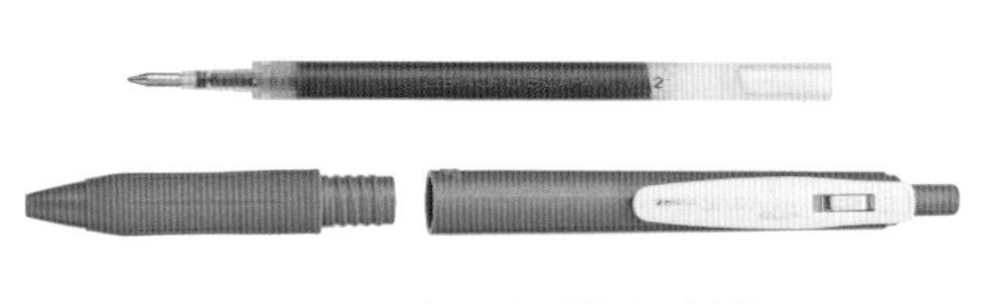

サラサクリップはインクの種類が52色あり、このバリエーションの多さも人気の理由。

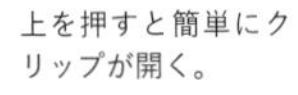

上を押すと簡単にクリップが開く。

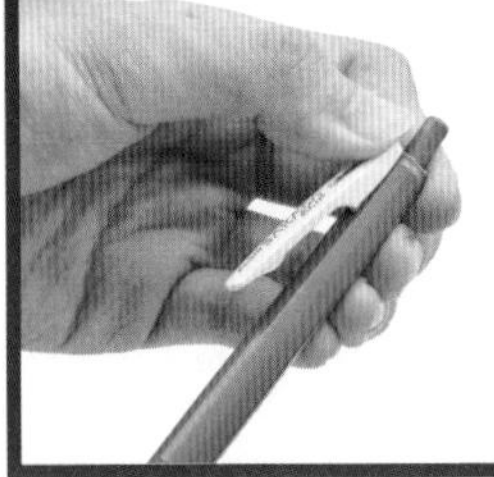

Ballpoint Pen Spec

メーカー名	ゼブラ
商品名	サラサクリップ 0.5 キャメルイエロー
品番	JJ15
価格（税込）	110円
全長	141.0mm
直径	11mm
重量	10.9g
ノック方式	ノック式
インク名（リフィル規格）	ジェル（JF芯）

クリップのデザインがこのペンのアクセントになっていてかわいい。

もはや知らない人はいない定定番中の定番

総評

ゲルインキボールペン界でトップクラスに知名度のあるサラサクリップは2003年に発売された。色のバリエーションが多く、ノートをカラフルにまとめることができる。分厚い紙も挟みやすい可動式クリップは、学生、社会人問わず使いやすいボールペンだ。

今回紹介するカラーはビンテージカラーのキャメルイエロー。ボディとインクの色が同色になっていて、ペンケースに入れていてもひと目で使いたい色を識別できる。

1	取り回しの軽快さ ★★★★☆	重量は軽くスピーディに書けるが、クリップが大きいためか重心が高く、重量のわりに重たく感じてしまう。
2	グリップの握りやすさ ★★★★★	ラバーグリップが搭載され、しっくりくる握り心地。ボディの太さもちょうどいい。
3	全体の剛性感 ★★☆☆☆	プラスチックボディなので剛性はイマイチ。素早くスイスイ書く用のペンなので剛性は必要ないだろう。
4	ペン先のガタつき ★★★★★	ペン先のガタつきはほとんど感じなかった。
5	内部振動 ★★★★☆	内部振動はほとんど感じないが、素早くペンを走らせるとキャップが若干振動する。
6	インクの滑らかさ ★★★☆☆	サラサグランド（P.040）同様、やや引っかかりを感じるもののボールの回転が手に伝わるサラサラとした書き味。
7	インクの発色 ★★★★★	鮮やかな発色が特徴のサラサ。薄さを感じない絶妙な色。
8	インクの掠れにくさ ★★★★☆	ゆっくり書く分にはいいが、素早くペンを走らせると掠れることがあった。
9	インクの速乾性 ★★★★★	書いた直後に擦ってもほとんど伸びなかった。
10	裏移りのしにくさ ★★★☆☆	ジェル（ゲル）インクのわりに裏移りが少なかった。A4コピー用紙でも使えなくはない。
11	ノック感・回し心地 ★★★★☆	乾いた、押しごたえのあるノック感。部屋中に響きやすいので注意が必要。
12	ペン先の視界 ★★★☆☆	平均的である。

自分好みの色で文字を書きたい人におすすめ。

こちらもCHECK

013

ゼブラ

フィラーレウッド

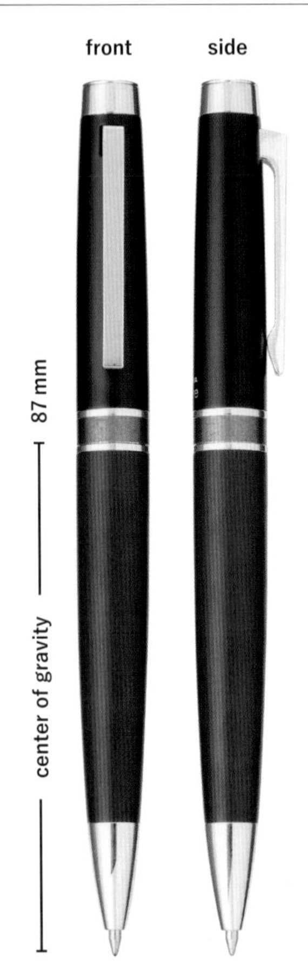

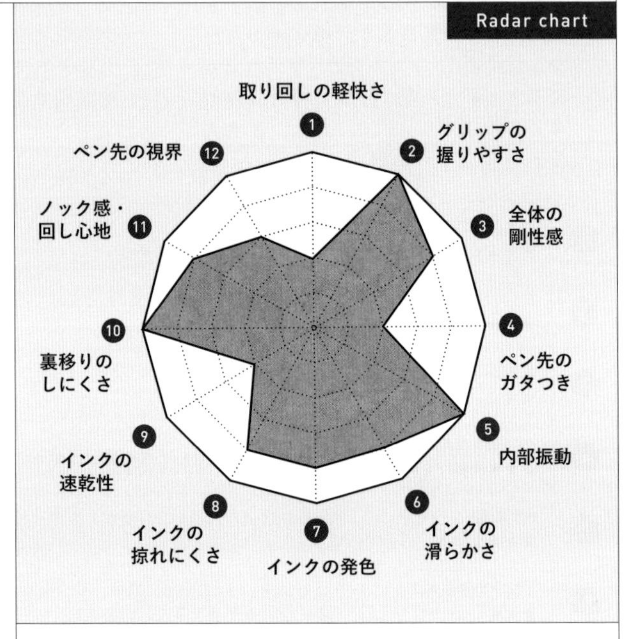

金属パーツのねじ込み式のボディは剛性があって、ゆらぎがない。

グリップと後軸がクロームのリングで隔てられたことで、質感の差が際立っている。

Ballpoint Pen Spec

メーカー名	ゼブラ
商品名	フィラーレウッド
品番	P-BA77-WDBK
価格（税込）	2,750 円
全長	142mm
直径	12.7mm
重量	36g
ノック方式	ツイスト式
インク名（リフィル規格）	エマルジョン リフィル規格 EQ 芯

クリップは可動式で簡単に開き、使いやすい構造。

天然木と金属の深み
ゼブラの木軸ツイスト式ボールペン

総評

段差がなく手に馴染む曲線フォルムには金属とブナの天然木が使われており、都会的なデザインの中に木の温かみを感じる。
ペン中部の装飾リングの金属にはヘアライン加工がされており、木目のあるグリップと上部の艶めいた金属を、機能のみならずデザインにおいても繋ぐ役割を果たす。
回転繰り出し式が持つ重みのあるヌルッとした回し心地は、価格以上の高級感をもたらしてくれる。落ち着いたシックなボディの色味で大人っぽさを演出する。

1	取り回しの軽快さ ★★☆☆☆	重たく、重心が高いため軽快さはない。
2	グリップの握りやすさ ★★★★★	流線型のボディで、指にフィットする。クリップの位置も指に干渉しにくく、ストレスフリーに握れる。
3	全体の剛性感 ★★★★☆	ボディはガッチリとしており剛性を感じるが、リフィルが樹脂製のため、やや柔らかい書き心地になっている。
4	ペン先のガタつき ★★☆☆☆	ペン先のガタつきは、やや大きく感じた。書いている時にカチャカチャ音がすることがあるので残念。
5	内部振動 ★★★★★	回転繰り出し式ということもあり、内部振動は皆無。
6	インクの滑らかさ ★★★★☆	水性と油性の中間のエマルジョンインクであり、滑らかなほうである。
7	インクの発色 ★★★★☆	発色はいいほう。黒インクは茶色っぽい色味になっている。
8	インクの掠れにくさ ★★★★☆	所々掠れる部分はあったが、普段使いではあまり気にならないレベル。
9	インクの速乾性 ★★☆☆☆	書いて5秒ほど経過しても線が伸びることがあった。乾きは遅いほうである。
10	裏移りのしにくさ ★★★★★	裏移りはほとんどしなかった。
11	ノック感・回し心地 ★★★★☆	ヌルッとした回し心地で高級感がある。欲をいうと、回し終えた時にクリック感が欲しかった。
12	ペン先の視界 ★★★☆☆	平均的である。

高見えするボールペンが欲しい人におすすめ。

こちらも CHECK

014

ゼブラ

ブレン

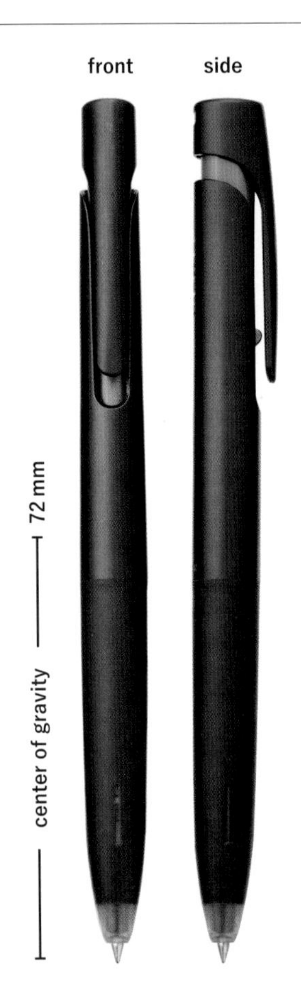

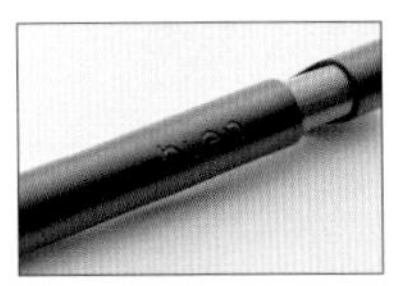

目につくところのロゴは控えめで視覚的なノイズが少ないのもいい。

Radar chart

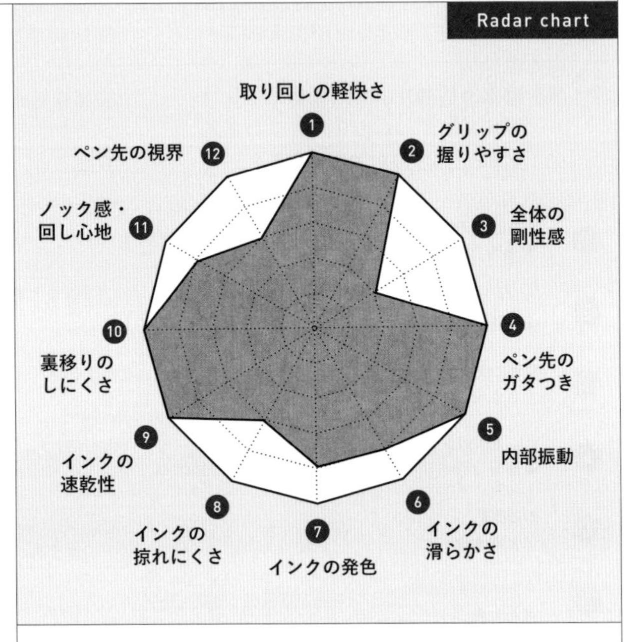

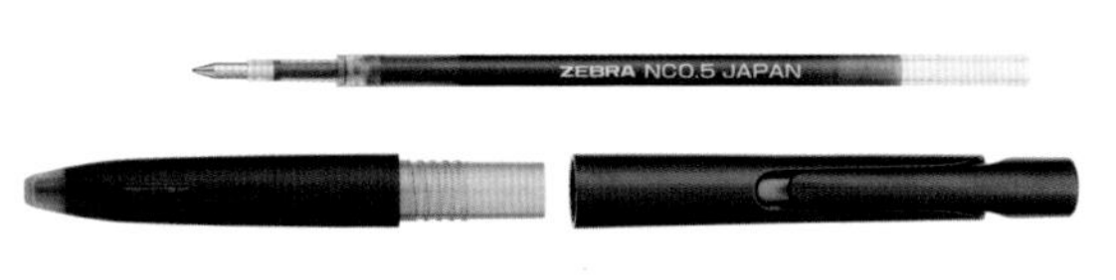

リフィルはペン先内部の樹脂パーツでホールドされており、後方のバネパーツは、ノックした時にノック部が遊ぶのを防いでいる。

Ballpoint Pen Spec

メーカー名	ゼブラ
商品名	ブレン
品番	BAS88 ／ BA88
価格（税込）	165 円
全長	143.6mm
直径	11.8mm
重量	12.3g
ノック方式	ノック式
インク名（リフィル規格）	エマルジョン（NC 芯）

ノックした時に隙間が消えて 1 本の黒い棒になる瞬間が、美しい。

このクオリティで165円は安すぎる　総評

“ブレン”という名前の通り“ブレ”を抑える3つの工夫がなされている。中芯の先端をホールドし、ペン先のブレを防ぐ“ダイレクトキャッチ”。金属パーツをグリップ内側に配置し、筆記のブレを防ぐ“低重心”。各パーツの隙間をなくすことで内部のブレを防ぎ、ペンを振ってもカタカタと音が鳴らない“ノイズフリー設計”を実現させた。
低価格ながらゼブラのこだわりが感じられる“新時代の書きやすさ”が魅力のボールペン。

1	取り回しの軽快さ ★★★★★	ラバーグリップが搭載された軽量ボディで、握りやすくてスラスラ書ける。
2	グリップの握りやすさ ★★★★★	ラバーグリップが搭載され、握り心地も上々。ボディの太さもちょうどいい。
3	全体の剛性感 ★★☆☆☆	プラスチックボディなので剛性は期待できない。
4	ペン先のガタつき ★★★★★	ペン先のガタつきは非常に小さく、さすがのブレンで書いてても全然ブレん。
5	内部振動 ★★★★★	内部振動もなく、筆記時に一体感を感じられる。
6	インクの滑らかさ ★★★★☆	適度な滑らかさがあるため、文字を書く時にちょうどいい。
7	インクの発色 ★★★★☆	発色はいいほう。黒インクは茶色っぽい色味。
8	インクの掠れにくさ ★★★☆☆	掠れやすさに関しては、普通。たまにインクの供給が間に合っていない時があった。
9	インクの速乾性 ★★★★★	書いた直後に擦ってもほとんど伸びなかった。
10	裏移りのしにくさ ★★★★★	ほとんど裏移りしなかった。
11	ノック感・回し心地 ★★★★☆	軽めなノック感でありながら、乾いたフィーリングで気もちがいい。
12	ペン先の視界 ★★★☆☆	ペン先のガタつきを小さくするパーツが入っているためなのか、口金が太く、視界はよくない。

ガタつきはほぼゼロで、一体感を感じる。
165円でこの完成度は素晴らしい。

こちらもCHECK

015

トンボ鉛筆

ZOOM C1

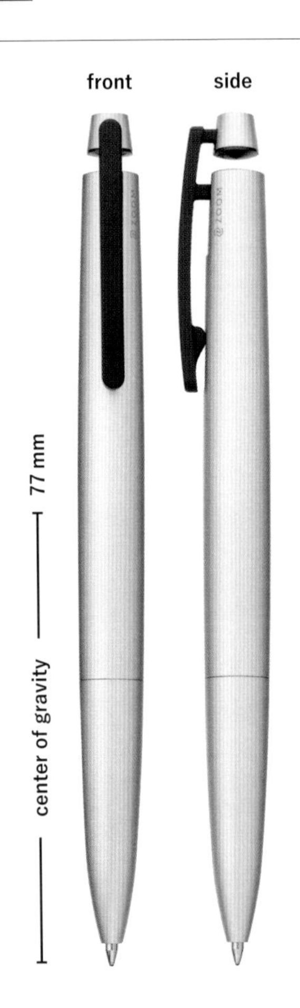

Radar chart

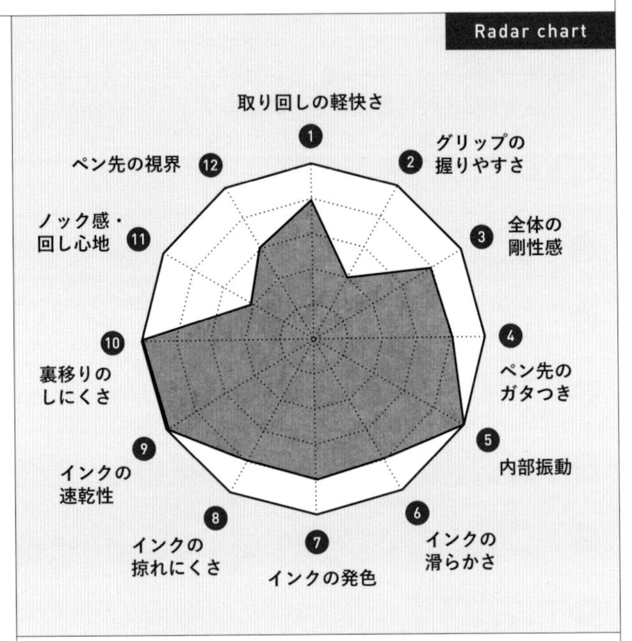

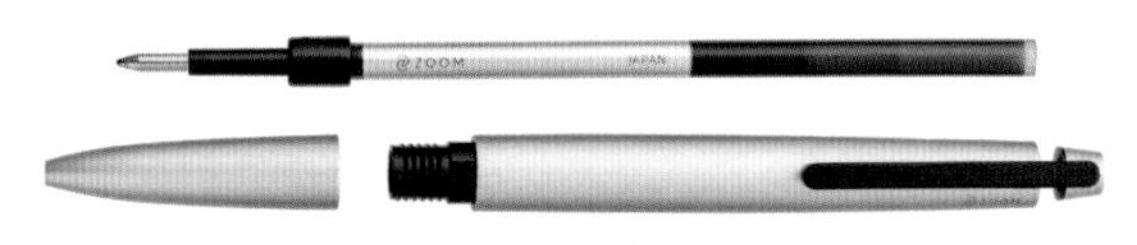

ZOOM C1 のために独自に開発されたリフィル。
筆記角度の影響を受けず、常に安定した線幅で書くことができる。
にじみが少なく、裏抜けしづらいインクが搭載されている。

空白をノックでき、クリップも使いやすい。空白の内側は微かに山なりになっていて、上下のパーツの連続性を醸し出している。

Ballpoint Pen Spec

メーカー名	トンボ鉛筆
商品名	ZOOM　C1 油性ボールペン黒インク 0.5 ミリ
品番	BC-ZC1EC05（サンドシルバー）
価格（税込）	7,700 円
全長	139.2mm（リフィル収納時）
直径	16.2mm
重量	21.3 g（リフィル込み）
ノック方式	ノック式
インク名 （リフィル規格）	超低粘油性インク BR-ZKE33 0.5 ミリ黒インク

ジュラルミンのボディとアルマイト加工が美しい。天冠の裏には、JAPAN の刻印。

クリエイティブを加速させる究極のデザイン

総評

トンボ鉛筆のデザイン文具ブランド・ZOOM。2023年にリブランディングされ、その最も象徴的なモデルがC1。キャッチコピーは“空白を、ノックする。”ボディは高強度アルミ合金であるジュラルミン。アルミ合金であるゆえに軽い。見た目以上に軽量でシンプルな流線形ボディに、他に類を見ない特徴的なノック部分が浮遊感を演出している。この個性的なデザインは、日々のクリエイティブな作業にうってつけであろう。ちなみにC1のCはCoreの略で、ZOOMブランドの本質を追い求めたZOOMの中心となるライン。

No.	項目	コメント
1	取り回しの軽快さ ★★★★☆	ジュラルミンボディで見た目以上に軽く感じ、勝手にペンが走るような感覚を覚える。
2	グリップの握りやすさ ★★☆☆☆	太さや形状はちょうどいいが、結構滑りやすいのが残念。
3	全体の剛性感 ★★★★☆	フルメタルボディということで硬さを感じる作りだが、真鍮ほどではない。また、樹脂リフィルなので柔らかい書き心地になっている。
4	ペン先のガタつき ★★★★☆	ガタつきは若干感じるが、普段使いではあまり気にならないレベル。
5	内部振動 ★★★★★	内部振動はほとんどなく、筆記時に一体感を感じられる。
6	インクの滑らかさ ★★★★☆	油性のわりに重たさを感じにくく、軽い力で進めることができる。
7	インクの発色 ★★★★☆	発色はいいほう。黒インクは茶色っぽい色味になっている。
8	インクの掠れにくさ ★★★★☆	油性の中では掠れにくいほう。安定してインクを供給してくれている。
9	インクの速乾性 ★★★★★	書いた直後に擦ってもほとんど伸びなかった。
10	裏移りのしにくさ ★★★★★	ほとんど裏移りしなかった。
11	ノック感・回し心地 ★★☆☆☆	音は静かだが、ノック感はイマイチ。ノックをするとクリップも一緒に下がるが、ボディとクリップが常に触れているため、擦れる感覚がある。
12	ペン先の視界 ★★★☆☆	平均的である。

まとめ　クリエイティブな作業をともにするボールペンを探している人におすすめ。

016

トンボ鉛筆

ZOOM L1

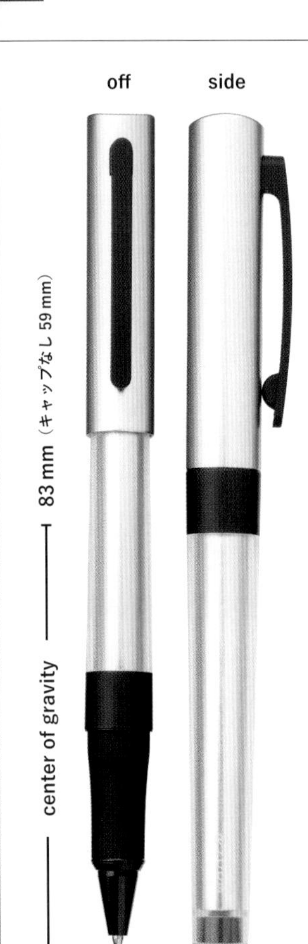

可動式のクリップで上部を押すと簡単に開く。

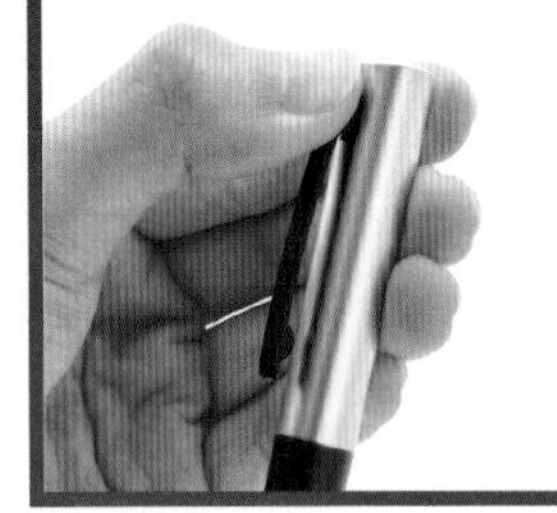

Radar chart

1 取り回しの軽快さ
2 グリップの握りやすさ
3 全体の剛性感
4 ペン先のガタつき
5 内部振動
6 インクの滑らかさ
7 インクの発色
8 インクの掠れにくさ
9 インクの速乾性
10 裏移りのしにくさ
11 ノック感・回し心地
12 ペン先の視界

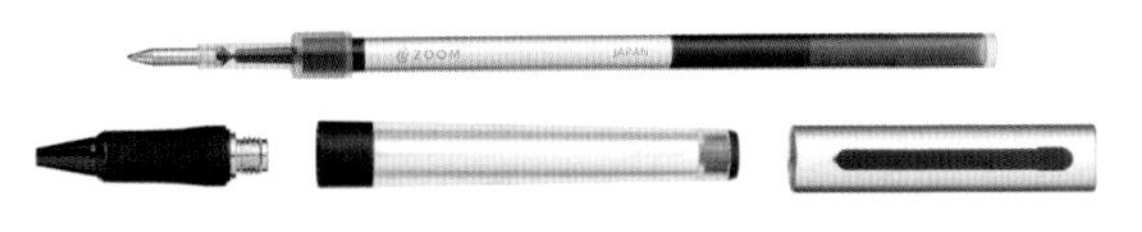

ボディは表面にすりガラスのようなマット加工を施した高透明素材 DURABIO ™。金属が、透明と不透明の間で包まれたような幻想的な見た目。

Ballpoint Pen Spec

メーカー名	トンボ鉛筆
商品名	ZOOM　L1　水性ゲルボールペン黒インク 0.5 ミリ
品番	BJ-ZL1EC04（04 シルバー）
価格（税込）	4,400 円
全長	140mm（キャップなし 124.2mm、キャップあり 153.5mm）
直径	18.3m m
重量	22.0 g（リフィル込み）（キャップなし 14.7g、キャップあり 22.0g）
ノック方式	キャップ式
インク名（リフィル規格）	水性ゲルインク　BN-ZKE33 0.5 ミリ黒インク

キャップの上部だけ波打っており、直線的なデザインの中で微かな遊びとなっている。

眺めたくなる “コンテンポラリーデザインペン”

総評

ZOOM505を現代的なデザインに再編した、太軸キャップ式水性ゲルボールペン。キャップはアルミ製で、トップは静かに波打つ。2層のボディは外側に特殊樹脂が使用されており、光の加減によって1本の太い金属に見えることもあれば、透明の奥にもう1層の軸が見えることも。まさに“透明と不透明を往復する”。キャッチコピーの“いくつもの深さをもつ、透明。”の通り、透明に奥行きを感じられるデザイン。L1のLはLightの略で、ZOOMのエントリーラインとしての役割を担っている。

1	取り回しの軽快さ ★★★★★	キャップを外した状態だと、ショートボディで軽量・低重心のため、スラスラ書ける。
2	グリップの握りやすさ ★★★★★	指の形にフィットするグリップ形状になっているため、手の馴染みがいい。
3	全体の剛性感 ★★★☆☆	ボディ剛性は普通。ボディは樹脂素材がメインで、口金も樹脂になっている。またリフィルも樹脂製なので、あまりガッチリ感はない。
4	ペン先のガタつき ★★★★☆	ガタつきは若干感じるが、普段使いではあまり気にならないレベル。
5	内部振動 ★★★★★	内部振動はほとんどなく、筆記時に一体感を感じられる。
6	インクの滑らかさ ★★★★★	積極的なインクフローで、抵抗が少ない。ボールのゴロゴロ感も感じにくく快適。
7	インクの発色 ★★★★★	水性ゲルインクなだけあり、かなり黒い。
8	インクの掠れにくさ ★★★★★	インクのフローがよく、ほとんど掠れなかった。フローがよすぎてダマができることが多かった。
9	インクの速乾性 ★★★★☆	書いた直後に指で擦ると若干線が伸びることがあったが、普段使いしていて特段気になることはない。
10	裏移りのしにくさ ★★☆☆☆	裏移りしにくい紙や厚い紙の時に使ったほうがいいだろう。
11	ノック感・回し心地 ★★★☆☆	キャップを閉める時にクリック感を感じるが、もう少しクリック感があったほうが個人的に好み。ただし悪くはない。
12	ペン先の視界 ★★★☆☆	平均的である。

まとめ

スラスラ書ける。
こだわりを感じる水性ボールペンを探している人におすすめ。

017

トンボ鉛筆

ZOOM L2

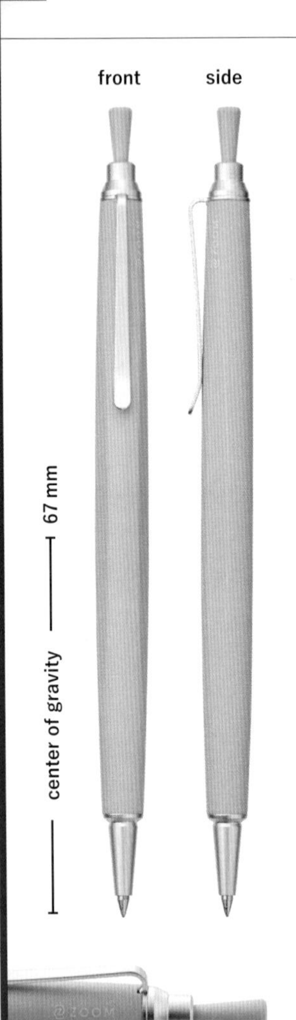

Radar chart

① 取り回しの軽快さ
② グリップの握りやすさ
③ 全体の剛性感
④ ペン先のガタつき
⑤ 内部振動
⑥ インクの滑らかさ
⑦ インクの発色
⑧ インクの掠れにくさ
⑨ インクの速乾性
⑩ 裏移りのしにくさ
⑪ ノック感・回し心地
⑫ ペン先の視界

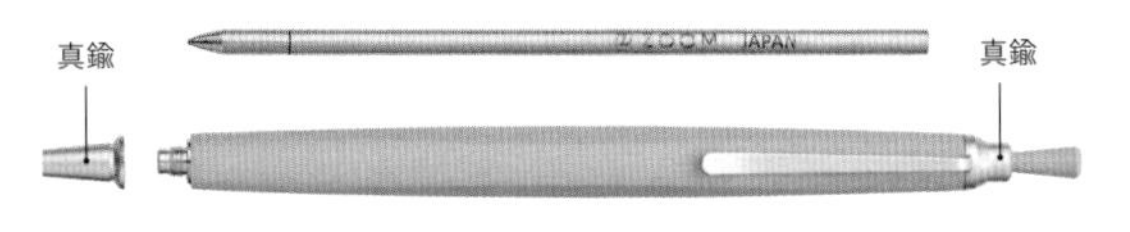

ペン先のくびれが独得で、
他のペンとは異なる特別な存在感を作り出している。
リフィルはD型を搭載。マルチペンによく使われるタイプで、汎用性が高い。

ノック部の形は、ペン先の角度と合わせていて、はじまりと終わりが調和するようになっている。

Ballpoint Pen Spec

メーカー名	トンボ鉛筆
商品名	ZOOM　L2　油性ボールペン黒インク0.5ミリ
品番	BC-ZL2EC78（78　マットグレー）
価格（税込）	3,520円
全長	138.8mm（リフィル収納時）
直径	11.8mm
重量	13.7g
ノック方式	ノック式
インク名（リフィル規格）	超低粘油性インクBR-ZVE33 0.5ミリ黒インク

ボディはソフトフィール塗装を施されており、ラバーのようなしっとりとした感触。

触りたくなる
造形美が引き立つデザインペン

総評

口金部分に“くびれ”をもつ独特なフォルム。加えてボディの側面には刀で削ぎ落とされたかのような平面を持つ。ノック部分はエクスクラメーションマークのような逆円錐。各パーツに異なる個性があるが、組み合わさると一体感が出る。ネオラバサンというラバータッチ系コーティングと特徴的なボディーの形状は手に馴染みやすく、つい触りたくなってしまう1本である。握りやすいだけでなく、軽量ボディのため取り回しの軽快さも優れており、実用性が高いボールペンだ。

1	取り回しの軽快さ ★★★★★	ペンが勝手に走るような感覚に陥り、軽快に筆記ができる。
2	グリップの握りやすさ ★★★★★	かなり握りやすい。ラバータッチ系コーティングで滑りにくく、指にもやさしい。
3	全体の剛性感 ★★★☆☆	13.7g の重さのわりに剛性感を感じやすい。リフィルは樹脂製だが、書き心地は硬めでわりと好き。
4	ペン先のガタつき ★★★☆☆	書いている時にペン先の隙間でカチャカチャ音が鳴ることが多い。隙間はもう少し小さくして欲しかった。
5	内部振動 ★★★★☆	内部振動はほとんど感じないが、素早くペンを走らせると細かい振動を感じる。
6	インクの滑らかさ ★★★★☆	油性のわりに重たさを感じにくく、軽い力で進めることができる。
7	インクの発色 ★★★★☆	発色はいいほう。黒インクは茶色っぽい色味に見える。
8	インクの掠れにくさ ★★★★☆	油性の中では掠れにくいほう。安定してインクを供給してくれる。
9	インクの速乾性 ★★★★★	書いた直後に擦ってもほとんど伸びなかった。
10	裏移りのしにくさ ★★★★★	ほとんど裏移りしなかった。
11	ノック感・回し心地 ★★★★☆	独特なノック感だが、クセになる。静かなので外出先でも使いやすい。
12	ペン先の視界 ★★★★☆	口金がシュッと細くなっているため、視界は良好。

まとめ

思った以上に書きやすく実用的。
個性的なボールペンを探している人におすすめ。

018

トンボ鉛筆

モノグラフライト

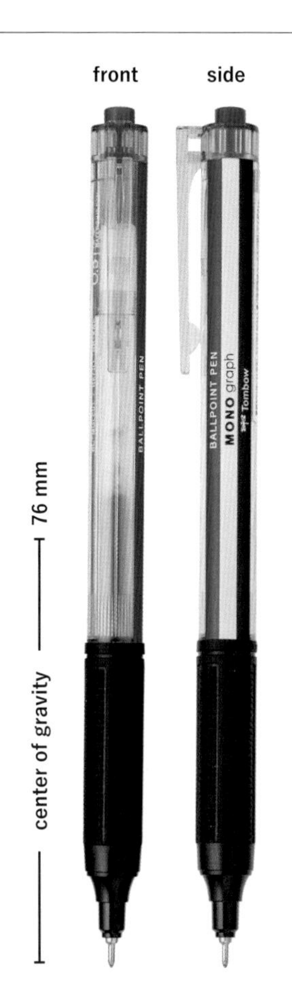

全長 5.2mm のロングニードルチップ採用により、広い視界を確保できて、手元が見やすい。ラバーグリップも高密度テクスチャーが施されてドライな握り心地に。

Radar chart

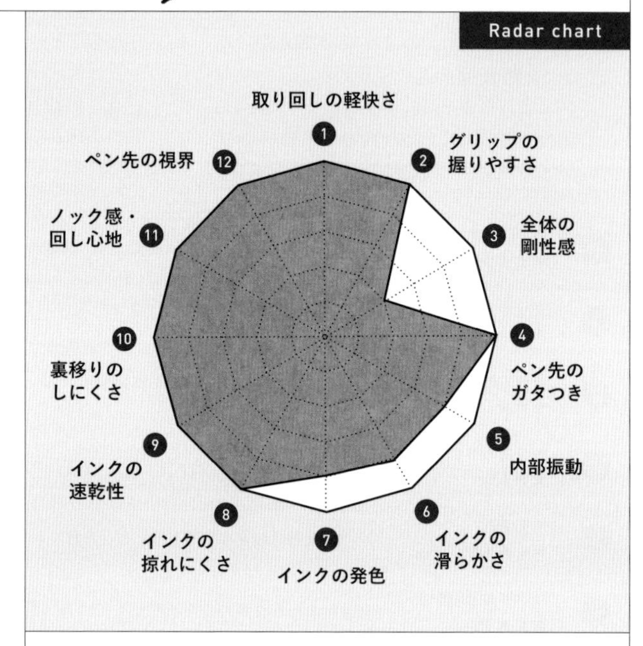

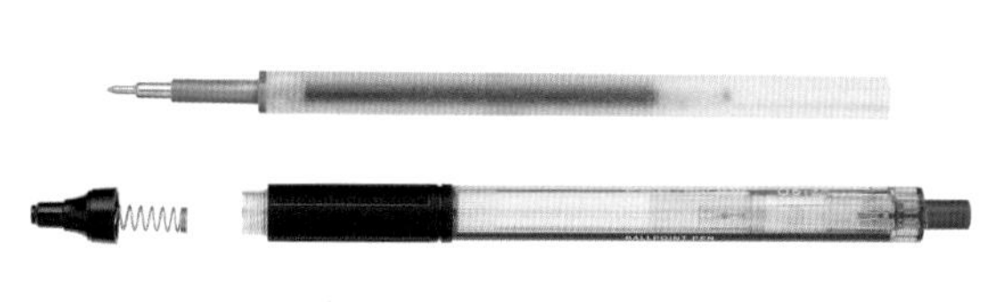

超低粘度油性インクと高精度ニードルチップの相乗効果で至高の滑らかさを実現している。

Ballpoint Pen Spec

メーカー名	トンボ鉛筆
商品名	モノグラフライト 0.5
品番	BC-MGLE01R15（01 モノカラー青）
価格（税込）	220 円
全長	144mm
直径	14mm
重量	9 g
ノック方式	ノック式
インク名（リフィル規格）	BR-KNE15　青インク 0.5 ミリ

透明のグリップが、MONO ブランドのカラーのデザインを邪魔しない。

視界良好。コスパ最強

総評

“ペン先見やすく、キレイに書ける” をキャッチフレーズに、書きやすさを追求した油性ボールペン。業界最長である全長5.2mmのニードルチップのおかげで驚くほど視界がいい。グリップには高密度テクスチャーグリップを採用し、ラバーグリップなのにローレットグリップを握っているような感覚に。密着感のある握り心地のため、書くことを前のめりにさせてくれる。ペン先のガタつきも小さく、これが220円で買えるのはコスパ最強といわざるを得ない。

	項目	評価
1	取り回しの軽快さ ★★★★★	超軽いボディとラバーグリップで握りやすく、想像以上にスラスラ書ける。
2	グリップの握りやすさ ★★★★★	高密度テクスチャーグリップは、グリップ性能が高く滑りにくい。直径14mmとちょうどいい太さなのもgood。
3	全体の剛性感 ★★☆☆☆	プラスチックボディなので仕方ない。高級筆記具のしっとりした書き心地と比べると真逆のようなもの。
4	ペン先のガタつき ★★★★★	ペン先のガタつきはほとんど感じなかった。
5	内部振動 ★★★★☆	内部振動はほとんど感じないが、素早い筆記の際はやや振動を感じる。
6	インクの滑らかさ ★★★★☆	油性にしては重たさを感じにくく、軽い力で進めることができる。
7	インクの発色 ★★★★☆	油性の中では濃いほう。明るめな青色といった発色である。
8	インクの掠れにくさ ★★★★★	油性インクでここまで擦れにくいのはなかなかない。素早くペンを走らせても掠れず、弱い筆圧でも掠れにくかった。
9	インクの速乾性 ★★★★★	書いた直後に擦ってもほとんど伸びなかった。
10	裏移りのしにくさ ★★★★★	ほとんど裏移りしなかった。
11	ノック感・回し心地 ★★★★★	硬すぎず柔らかすぎずのちょうどいいノック感。しっとりとした感触で、うるさすぎないのも高評価。
12	ペン先の視界 ★★★★★	業界で最も長いペン先なだけに、視界は最高。細かい文字を書きやすい。

まとめ

コスパ最強の傑作ボールペン。
5つ星が多く、非常に総合力が高い。

こちらもCHECK

019

野原工芸

木のボールペン・スタンダード
スタビメープル瘤2色 斑紋孔雀色

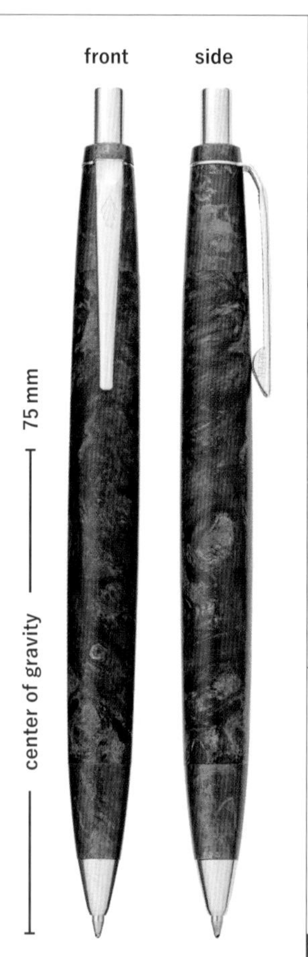

マーブル模様の金具は、野原工芸とモメンタムファクトリー Orii のコラボによって実現した限定金具。存在感が半端ない。

Radar chart

リフィルはパイロットの金属アクロインキリフィル（BRFN-30F）を搭載。
リフィルは1本330円。アクロインキは油性とは思えない発色、
滑らかさ、掠れにくさを持ち合わせ、しーさーが一番好きなインクである。
G2規格のように汎用性は高くないが、このリフィルで十分。

Ballpoint Pen Spec

メーカー名	野原工芸
商品名	木のボールペン・スタンダード スタビメープル瘤2色 斑紋孔雀色
品番	―
価格（税込）	27,500円
全長	140mm
直径	最大約12mm
重量	38g程度
ノック方式	ノック式
インク名 （リフィル規格）	パイロット　BRFN-30F

流線型の太軸ボディは指にフィットする。重量感も相まって、ずっと握ってたくなる魅力がある。

ボールペンで書く喜びを味わえる、すべてが最高のお気に入り木軸ペン

総評

しーさーお気に入りの木軸ペンブランド、野原工芸。木のボールペン・スタンダードは太軸のノック式ボールペンとなっている。長野県の本店限定の斑紋着色金具を使ったペンで、美しすぎて夜な夜なひとり静かに眺めてしまう。木軸部分と金属部分が似た模様になっており、その存在感は抜群。僕が大好きなパイロットのアクロインキの金属リフィル（BRFN-30F）が装着されており、ボディの作りだけでなく、インクのクオリティも非常に高い。このペンを筆箱の一軍に入れて使っているくらいお気に入り。

	項目	評価
1	取り回しの軽快さ ★★★☆☆	ペンの中ではかなり重たいが、しっくり握れるためなのか、そこまで重さは感じない。長時間筆記でも活躍するだろう。
2	グリップの握りやすさ ★★★★★	段差のない太軸ボディで握りやすい。木軸ということで汗をかいても滑りにくくなっており、グリップ性能も高い。
3	全体の剛性感 ★★★★★	金属パーツを多用したがっちりボディは、書くのを楽しくさせてくれる。木軸ペンの中でもトップクラスの剛性を誇る。
4	ペン先のガタつき ★★★★★	ガタつきの小ささも魅力である。野原工芸のボールペンは金具へのこだわりも半端ない。
5	内部振動 ★★★☆☆	ボディ内部から若干カタカタ振動があるのが気になるところ。ノック式なので仕方がないところではあるが、もう少し小さいと完璧だった。
6	インクの滑らかさ ★★★★★	流石のアクロインキ。
7	インクの発色 ★★★★★	ゲルインクにも十分張り合える発色のよさ。
8	インクの掠れにくさ ★★★★★	油性インクでここまで擦れにくいのはなかなかない。
9	インクの速乾性 ★★★★☆	書いた直後に指で擦ると若干線が伸びることがあったが、普段使いしていて特段気になるほどではない。
10	裏移りのしにくさ ★★★★☆	インクの出がいい分、若干裏移りすることもあるが、あまり気にならない。
11	ノック感・回し心地 ★★★★★	滑らかでスムーズなノック感。でありながら押しごたえがあり、気もちがいい。
12	ペン先の視界 ★★★☆☆	平均的である。

まとめ 愛着が湧く一生物のボールペン。
重たいが握りやすいため、長時間筆記でも疲れない。

020

野原工芸

木のボールペン・スリム キハダ縮杢

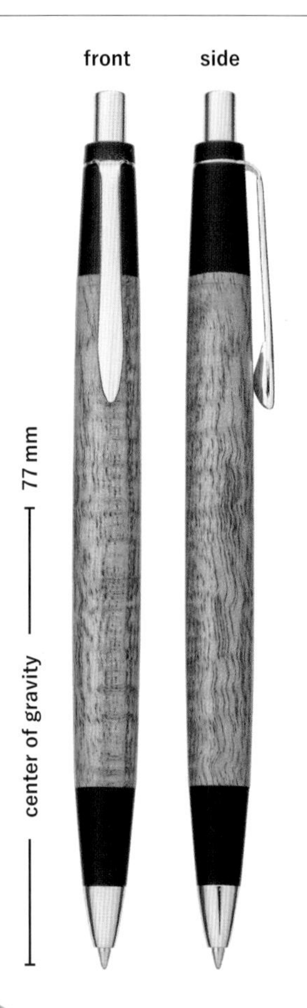

縮杢が美しい。縮杢は見る角度によって縞々の位置が変化するため、立体的な模様で見応えがある。

Radar chart

リフィルはパイロットの油性インキリフィル（BTRF-6F）を搭載。リフィルは１本66円。同社のスタンダードタイプ（P.056）のボールペンはアクロインキで異なる。

Ballpoint Pen Spec

メーカー名	野原工芸
商品名	木のボールペン・スリム キハダ縮杢
品番	ー
価格（税込）	9,900円
全長	140mm
直径	最大約11mm
重量	30g程度
ノック方式	ノック式
インク名（リフィル規格）	パイロット　BTRF-6F

スリムタイプは同社のシャープペンと同じ太さ。スリムとはいえ、ペンの中では太め。

スレンダーで引き締まった温もり

総評

スタンダードタイプより軸が細くなったのがスリムタイプ。変わり杢(もく)としてオンラインストアで期間限定で販売していた時に購入。スリムタイプは、少しでも細くし持ち歩きやちょっとした時に出し入れをスマートに、といった制作コンセプトがある。スタンダードタイプと比べて、リフィルの種類も違う。スタンダードはアクロインキ（油性）なのに対して、スリムタイプは普通の油性インキなので、インクのクオリティは劣る印象がある。また、金属リフィルのスタンダードタイプと比べると若干柔らかい書き心地になっている。

	項目	評価
1	取り回しの軽快さ ★★★☆☆	ずっしりとしたボディなので軽快さはあまりない。慣れれば長時間筆記でも疲れない。
2	グリップの握りやすさ ★★★★★	段差のないボディで握りやすい。木軸のため滑りにくく、グリップ性能も高い。クリップは指に当たりにくい位置にある。
3	全体の剛性感 ★★★★☆	ボディ自体はスタンダードタイプ同様ボリュームがあるが、リフィルが樹脂製のため、スタンダードタイプと比べると柔らかい印象を受ける。
4	ペン先のガタつき ★★★★☆	ガタつきは小さいほうで普段使いなら気にならない。
5	内部振動 ★★★★☆	スタンダードタイプで感じたカタカタ振動は、スリムタイプだと感じにくい。
6	インクの滑らかさ ★★★★☆	適度な滑らかさ。
7	インクの発色 ★★★☆☆	普通。黒インクは灰色っぽい色味になっている。
8	インクの掠れにくさ ★★★☆☆	筆圧が弱いと掠れやすくなるので注意が必要。
9	インクの速乾性 ★★★★★	書いた直後に擦ってもほとんど伸びなかった。
10	裏移りのしにくさ ★★★★★	ほとんど裏移りしなかった。
11	ノック感・回し心地 ★★★★☆	しっとりとしたノック感で、スタンダードタイプよりも静かなノック音である。
12	ペン先の視界 ★★★☆☆	平均的である。

まとめ

スリムなため持ち歩きがしやすく、どこでも使いやすいボールペン。

021

野原工芸

木のボールペン・ロータリー 特上黒柿

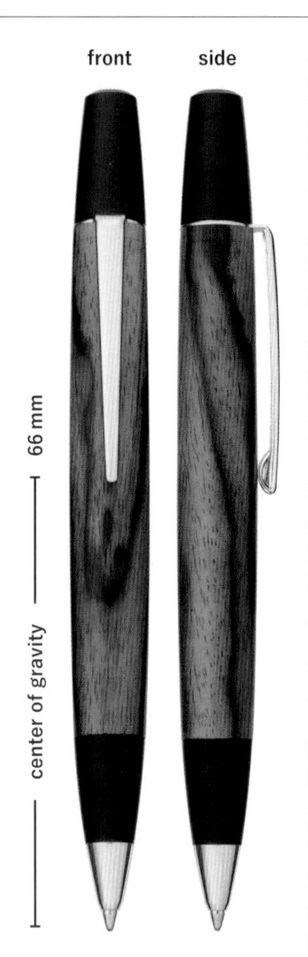

ロータリータイプはノック部がなく、非常にシンプルな佇まい。フォーマルな場面でも活躍する。

Radar chart

1 取り回しの軽快さ
2 グリップの握りやすさ
3 全体の剛性感
4 ペン先のガタつき
5 内部振動
6 インクの滑らかさ
7 インクの発色
8 インクの掠れにくさ
9 インクの速乾性
10 裏移りのしにくさ
11 ノック感・回し心地
12 ペン先の視界

G2 規格のシュミット イージーフロー 9000M を搭載。リフィルは 1 本 770 円。 G2 規格なので汎用性が高く、金属リフィルなので剛性も高い。

Ballpoint Pen Spec

メーカー名	野原工芸（日本）
商品名	木のボールペン・ロータリー 特上黒柿
品番	ー
価格（税込）	19,800 円
全長	最大約 120mm
直径	12mm
重量	34g 程度
ノック方式	回転繰り出し式
インク名（リフィル規格）	シュミット イージーフロー 9000M（G2 型）

野原工芸の中で最もショートボディのモデルであり、手帳や胸ポケットに入れてのもち運びもしやすい。

フォーマルな場にも温かみをもたらす

総評

野原工芸が 2019 年に発売した回転繰り出し式ボールペン・ロータリータイプ。ノック式とは違い、リフィルを繰り出す際に音がまったく出ないため、エレガントに使える。内部振動もほとんどないため、書いている時の安定感は野原工芸の中でもトップである。全長が短くコンパクトボディになっているため、手帳にさして持ち運ぶのもかっこいい。スーツの胸ポケットに挟んでも映える。多くのメーカーで採用されている G2 規格のリフィルのため、自分好みのリフィルに交換できるのも魅力。

1	取り回しの軽快さ ★★★★☆	ずっしりしているが、ショートボディのため軽快な取り回しである。
2	グリップの握りやすさ ★★★★☆	クリップの位置は下にあるので握る角度によっては指にクリップが当たる。ボールペンは回転せずに書く人が多いのであまり気にならないだろう。
3	全体の剛性感 ★★★★★	金属パーツを多用した重厚感のあるボディになっている。所有欲が満たされる。
4	ペン先のガタつき ★★★★☆	角度によっては多少ガタつくが、ほとんど気にならなかった。
5	内部振動 ★★★★★	皆無といってもいい。
6	インクの滑らかさ ★★★★☆	適度な滑らかさ。シュミット イージーフローは油性っぽくない若干サラサラした書き味が特徴。紙によっては引っかかりを感じる。
7	インクの発色 ★★★★★	発色はいいほう。黒インクは茶色っぽい色味になっている。
8	インクの掠れにくさ ★★★★☆	シュミット イージーフローは油性の中では掠れにくいほうで、水性インクのような筆跡である。
9	インクの速乾性 ★☆☆☆☆	5 秒ほど時間が経っても指で擦ると線が伸びてしまう。
10	裏移りのしにくさ ★★★★★	ほとんど裏移りしなかった。
11	ノック感・回し心地 ★★★★★	ヌルヌルした回し心地で重厚感を感じる。
12	ペン先の視界 ★★★☆☆	平均的である。

まとめ **ビジネスシーンで使える数少ないフォーマルな木軸ペン。**

022

パイロット

アクロドライブ

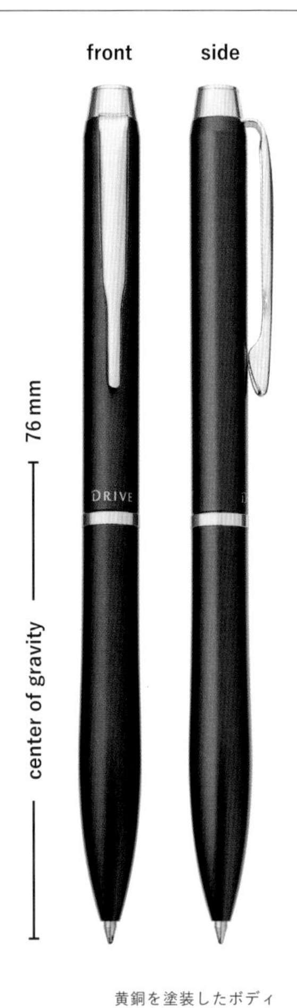

黄銅を塗装したボディは滑りにくい加工が施されている。グリップの微かに膨らむカーブが芸術的で、持ちやすさを支えている。

Radar chart

アクロインキは従来に比べて粘度を約 1/5 に抑えた低粘度油性インキ。擦れずらく滑らかな筆記が可能。

Ballpoint Pen Spec

メーカー名	パイロット
商品名	アクロドライブ　0.5mm
品番	BDR-3SEF-（色）
価格（税込）	3,300 円
全長	134mm
直径	10.9mm（最大径Φ）
重量	30 g
ノック方式	回転繰り出し式
インク名（リフィル規格）	BRFN-30EF-B

クリップは少しだけ平たく加工されていて、つまみやすい構造。

書き心地、まるで高級車でのドライブ

総評

真鍮製の軸が重厚感と上品さを与える、ビジネスシーンに最適なボールペン。摩擦の少ない回転繰り出し式。握りやすくやや膨らんだグリップと筆記中の摩擦が少ないアクロインキによる、まるで自動車を運転するかのような滑らかな書き心地から"アクロドライブ"と名付けられた。ペン先の収納時は少しひねると勝手に戻ってくれるため、物を汚す心配がない。

いいボールペンを持っておきたい人や、進学・就職等の節目の贈り物にもぴったりの1本。

	項目	評価
1	取り回しの軽快さ ★★★☆☆	真鍮ボディのため、ややずっしりしており、軽快さはあまりない。所有欲が満たされる重量感である。
2	グリップの握りやすさ ★★★★★	グリップ部分が膨らんだ流線型ボディで、見た目以上に安心して握れる。
3	全体の剛性感 ★★★★★	真鍮ボディで重量感のある作り、さらに金属リフィルを使用しているため剛性は高い。
4	ペン先のガタつき ★★★★★	ペン先のガタつきはほとんど感じなかった。
5	内部振動 ★★★★★	内部振動が起こりにくい回転式ということもあり、筆記中に内部がカタカタ振動することはない。
6	インクの滑らかさ ★★★★★	流石のアクロインキ。油性なのにまったく重たくなく、スイスイ滑らかに書ける。
7	インクの発色 ★★★★★	油性インクでここまでの発色はなかなかない。ゲルインクにも十分張り合える発色のよさである。
8	インクの掠れにくさ ★★★★★	油性インクでここまで擦れにくいのはなかなかない。
9	インクの速乾性 ★★★★☆	書いた直後に指で擦ると若干線が伸びることがあったが、特段気にするほどではない。
10	裏移りのしにくさ ★★★★☆	インクの出がいい分、若干裏移りすることもあるが、気になるレベルではない。
11	ノック感・回し心地 ★★★★★	ヌルッとした気もちのいい回し心地。少しひねると勝手に戻ってくれるため、中途半端な位置でリフィルが出続ける心配もない。
12	ペン先の視界 ★★★☆☆	平均的である。

多くの人におすすめできる"いいボールペン"。アクロインキなので間違いない。

こちらもCHECK

023

パイロット

ジュースアップ

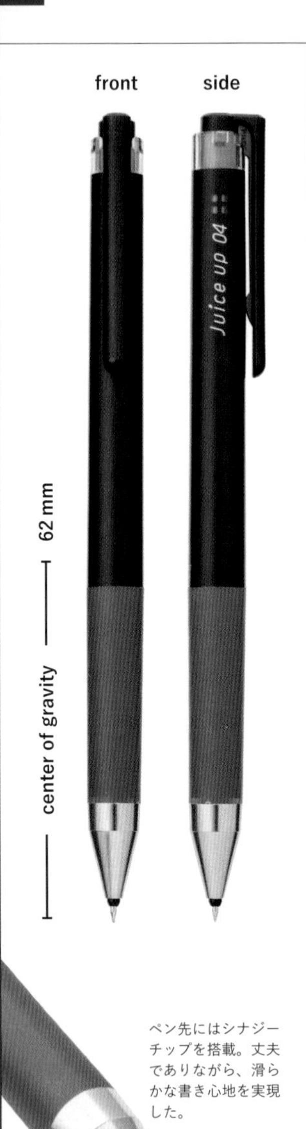

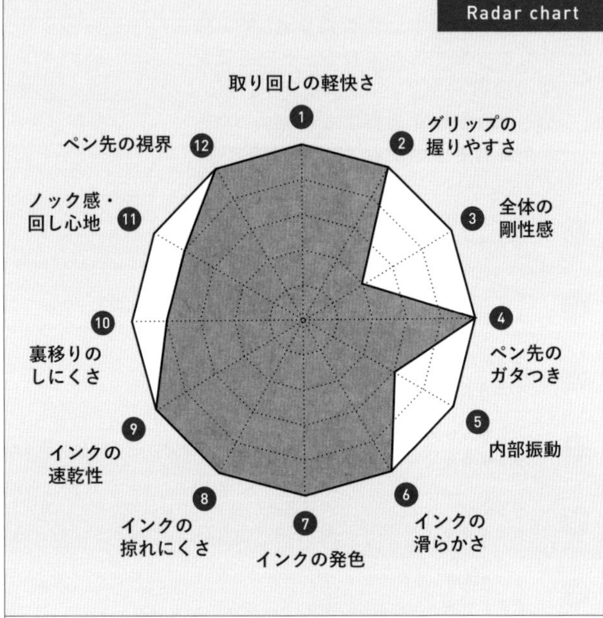

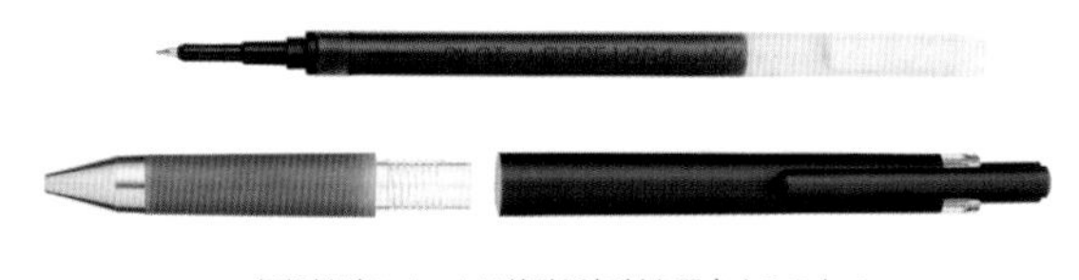

新顔料ゲルインキは特殊添加剤を配合することで
水性インキの中に均一に混ぜることに成功。
粒子が大きい顔料インキをスムーズにペン先から供給できる。

ペン先にはシナジーチップを搭載。丈夫でありながら、滑らかな書き心地を実現した。

Ballpoint Pen Spec

メーカー名	パイロット
商品名	ジュースアップ　0.4mm
品番	LJP-20S4-BN
価格（税込）	220 円
全長	143mm
直径	10.5mm（最大径Φ）
重量	11.6 g
ノック方式	ノック式
インク名（リフィル規格）	LP3RF12S4

ノックのオン・オフがひと目でわかる窓＝ノックインジケーターを搭載。

滑らかさを研究し尽くした机上のアイススケーター

総評

ゲルインキボールペンの中で最もおすすめしたいのが、ジュースアップ。滑らかな書き心地に虜（とりこ）になる。次のふたつの要因が摩擦抵抗の低い書き味を作る。ひとつ目は“新開発シナジーチップ”。ジュースアップのために新しく開発されたペン先チップは激細でありながら書き出しから流れるような書き味を楽しめる。ふたつ目は“新顔料ゲルインキ”。特殊配合されたこのインクは、激細なペン先でも詰まらずスムーズに排出される。このふたつが氷上をすべるアイススケーターのような滑らかな書き心地を提供している。

	項目	評価
1	取り回しの軽快さ ★★★★★	軽快に筆記ができる。ラバーグリップが搭載された軽量ボディで、握り心地も十分。
2	グリップの握りやすさ ★★★★★	ラバーグリップによるフィット感はもちろん、ボディの太さもちょうどいい。
3	全体の剛性感 ★★☆☆☆	プラスチックボディなので剛性はイマイチ。素早くスイスイ書く用のペンなので剛性は必要ないだろう。
4	ペン先のガタつき ★★★★★	ペン先のガタつきはほとんど感じなかった。細かい文字を書いている時も書きたい場所とズレることはなさそうだ。
5	内部振動 ★★★☆☆	キャップから若干カタカタ振動があるのは気になる。
6	インクの滑らかさ ★★★★★	シナジーチップの滑らかさは、エグい。無抵抗といってもいいほどの滑らかさがある。パイロットのインクは素晴らしい。
7	インクの発色 ★★★★★	ブラウンの発色がよく、見やすかった。
8	インクの掠れにくさ ★★★★★	ほとんど掠れなかった。インクが途切れずしっかりと供給してくれる。
9	インクの速乾性 ★★★★★	書いた直後に擦ってもほぼ伸びなかった。
10	裏移りのしにくさ ★★★★☆	水性ゲルインキにしては少ないほう。
11	ノック感・回し心地 ★★★★☆	乾いた、押しごたえのあるノック感。響きやすいので注意が必要。
12	ペン先の視界 ★★★★★	ペン先が尖った形状になっており、クリアな視界で筆記できる。

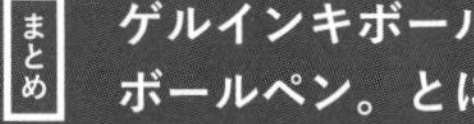

まとめ

ゲルインキボールペンの中で一番おすすめしたいボールペン。とにかく滑らかで書きやすい。

こちらもCHECK

024

パイロット

タイムライン エターナル

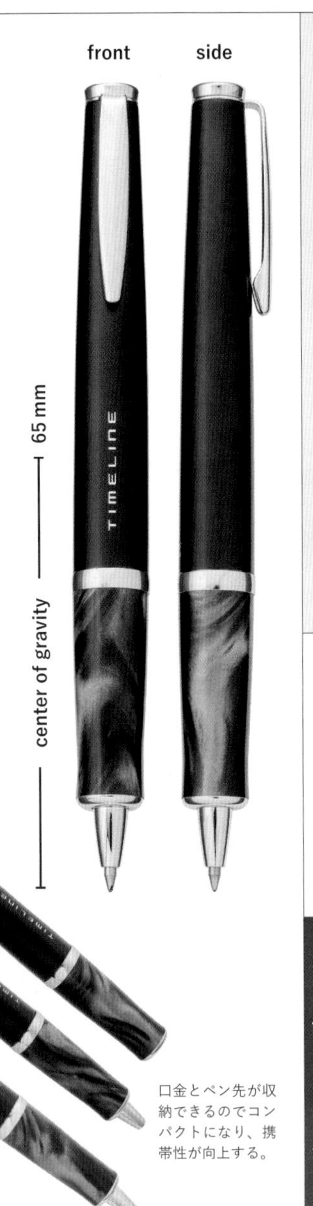

口金とペン先が収納できるのでコンパクトになり、携帯性が向上する。

Radar chart

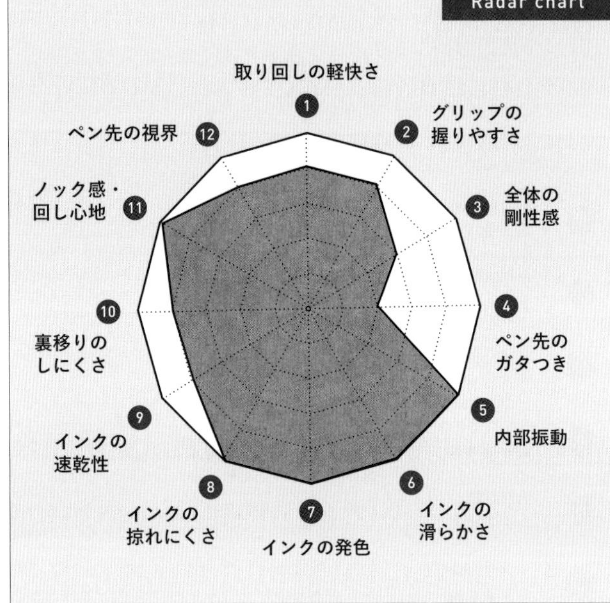

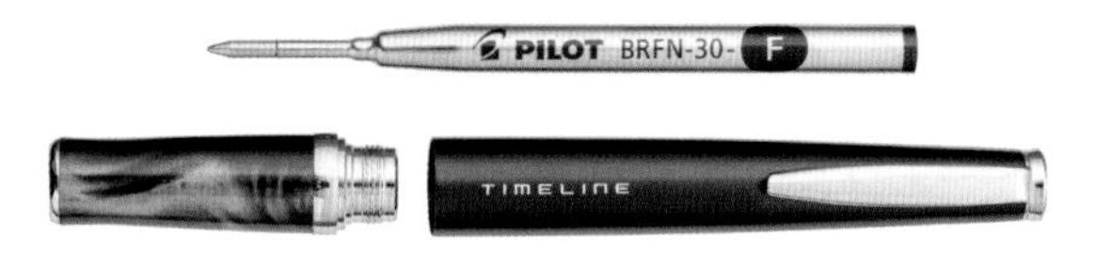

アクロインキは従来に比べて粘度を約1/5に抑えた低粘度油性インキ。掠れづらく滑らかな筆記が可能。

Ballpoint Pen Spec

メーカー名	パイロット
商品名	タイムライン エターナル　0.7mm
品番	BTL-5SR-（色）
価格（税込）	5,500円
全長	121mm
直径	13.4mm（最大径Φ）
重量	25 g
ノック方式	回転繰り出し式
インク名（リフィル規格）	BRFN-30F-B

ボディはアルマイト加工。マットながら金属らしい質感で美しい。

ペン先が丸ごと収納される 芸術性が高く変態的なボールペン

総評

「ペンの歴史を書き換えるような、まったく新しいボールペン」をコンセプトとするボールペン。上品なマーブル模様のレジングリップを一度回すと口金が登場。さらに回すとリフィルが登場するという、2段階のアクション。回し心地は滑らか。アクロインキが搭載されており、書き味も滑らか。アルマイト加工されたアルミボディは見た目の重さ以上に軽量に感じられる。
2段階アクションという斬新なアイデアに加えて、筆記性能も申し分のない1本である。

No.	項目	評価	コメント
1	取り回しの軽快さ	★★★★☆	軽量でショートボディだから軽快に筆記ができる。
2	グリップの握りやすさ	★★★★☆	グリップはツルツルしているが、握るところが窪んだ形状のため、滑りにくい配慮がされている。
3	全体の剛性感	★★★☆☆	アルミボディということもあり、存在感があるボディの作り。リフィルも金属製で、書いている時に金属の重みを感じられる。
4	ペン先のガタつき	★★☆☆☆	収納できるという構造上､ペン先のガタつきは大きくなってしまう。フニャァッとした柔らかい書き心地。
5	内部振動	★★★★★	内部振動が起こりにくい回転式ということもあり、筆記中に内部がカタカタ振動することはない。
6	インクの滑らかさ	★★★★★	さすがのアクロインキ。
7	インクの発色	★★★★★	油性インクでここまでの発色はなかなかない。ゲルインクにも劣らない発色のよさである。
8	インクの掠れにくさ	★★★★★	油性インクでここまで擦れにくいものは、なかなかない。
9	インクの速乾性	★★★★☆	書いた直後に指で擦ると若干線が伸びることがあったが、普段使いなら問題ないだろう。
10	インクのにじみ	★★★★☆	インクの出がいい分、若干裏移りすることもあるが、気にならない程度。
11	ノック感・回し心地	★★★★★	ヌルッとした気持ちのいい回し心地。少しひねると勝手に戻ってくれる。
12	ペン先の視界	★★★★☆	口金部分が細いため、ペン先の視界は良好。細かい文字も比較的ストレスなく書くことができる。

まとめ

手軽にいろんなところに持ち運びたい人におすすめ。アクロインキ搭載なのも最高。

こちらもCHECK

025

パイロット

フリクションボール ノックゾーン

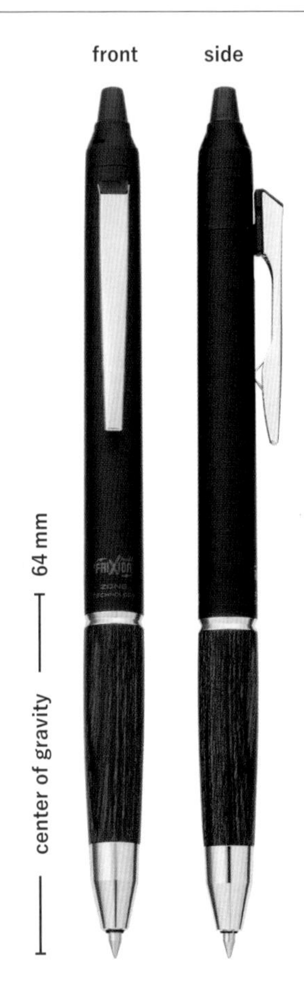

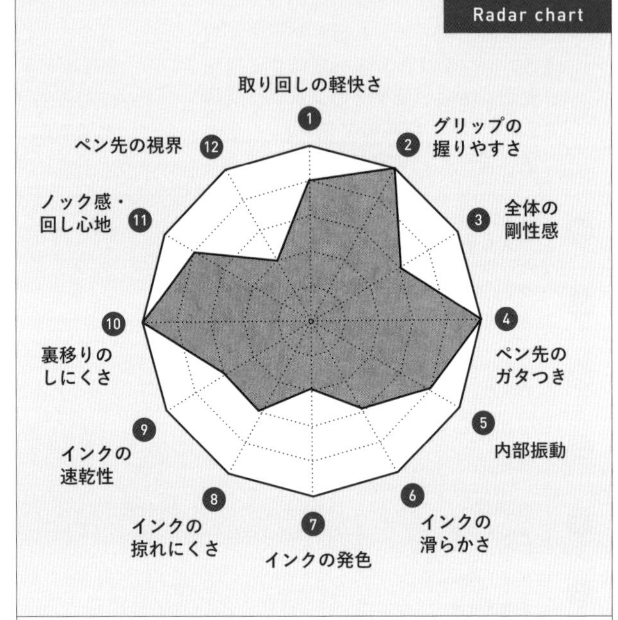

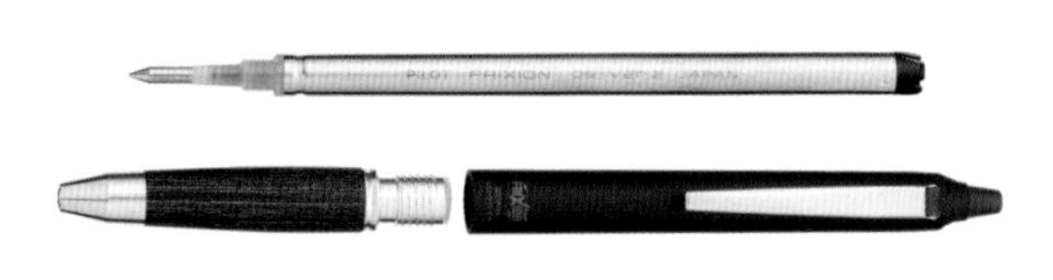

従来の樹脂リフィルに比べて、1本当たりのインキ容量が増え、それにより筆記距離が約40%アップした。

薄くスライスされたカバ材に樹脂を含侵させ圧縮加工したパーツが、木の風合いと耐久性を両立している。

ペン先に備えられた樹脂によりガタつきが軽減。

Ballpoint Pen Spec

メーカー名	パイロット
商品名	フリクションボールノックゾーン（ウッドグリップ） 0.5mm
品番	LFBKZ-2SEF-（色）
価格（税込）	2,200円
全長	150mm
直径	11.4mm（最大径Φ）
重量	22 g
ノック方式	ノック式
インク名（リフィル規格）	LFBKRF50F-2B

内部パーツに追加されたバネが、ノック時の衝撃を和らげ、静かなノック音に。

より濃く、長く書けるようになった進化版“消せるボールペン”

総評

言わずと知れた“消せるボールペン”、フリクションの次世代モデルの一種。インクの濃度が高まったことに加え、金属リフィルを採用することでパイプの厚みを薄く抑え、タンク容量が増加。濃く・長く書けるフリクションへ進化した。濃くなっても、もちろん消せる。ペン先は三又形状のパーツでできた“チップホールドシステム”によりガタつきを抑える。内部にバネが追加されたことでノック音も控えめになった。従来より数段アップデートされたフリクションである。

1	取り回しの軽快さ ★★★★☆	ボディは22gと軽いとはいえないが、低重心のため軽快に筆記することができる。
2	グリップの握りやすさ ★★★★★	ちょうどいい太さであり、クリップも指に干渉しない。樹脂含浸カバ材は使い込むと手に馴染み、より滑りにくくなる。
3	全体の剛性感 ★★★☆☆	こう見えて後軸部分がプラスチック製であるため、少し頼りないところは感じる。
4	ペン先のガタつき ★★★★★	チップホールドシステムのおかげでペン先のガタつきは皆無に等しい。ガタつきにうるさい僕にとっては嬉しい。
5	内部振動 ★★★★☆	振動は少なかった。早く書くと細かい振動を感じることがあったが、特に気にならない。
6	インクの滑らかさ ★★★☆☆	普通。とても滑らかというわけではないが、普通に使っていける。
7	インクの発色 ★★☆☆☆	薄い。フリクションは進化はしているが、普通のボールペンと比べるとまだ薄く感じる。素早くペンを走らせるとより薄くなる。
8	インクの掠れにくさ ★★★☆☆	ゆっくり書く分には大丈夫だが、素早く書くと掠れやすく感じた。
9	インクの速乾性 ★★★☆☆	書いた3秒後に指で擦ると線が伸びた。5秒後は伸びなかった。
10	裏移りのしにくさ ★★★★★	ほとんど裏移りしなかった。
11	ノック感・回し心地 ★★★★☆	ややプラスチック感のある感触だが、ノックの押しごたえはあり、嫌いじゃない。
12	ペン先の視界 ★★☆☆☆	チップホールドシステムの樹脂パーツが口金の中に入っているため、通常のボールペンよりも口金が太くなっている。

文字を消したい人におすすめ。
消せないインクと比べると濃さ、滑らかさは劣るため、
消す必要がない人向きではない。

こちらもCHECK

026

ぺんてる

エナージェル インフリー

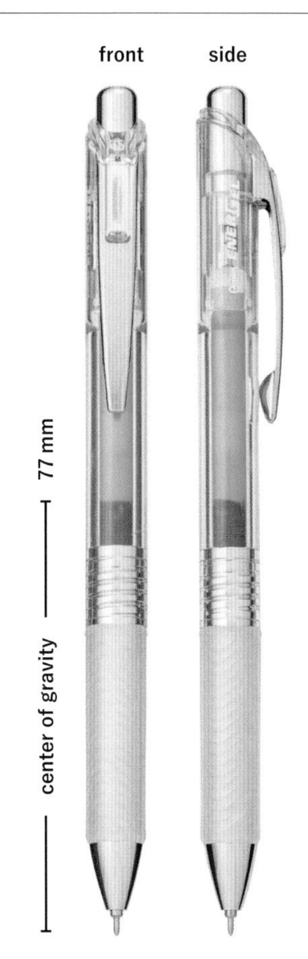

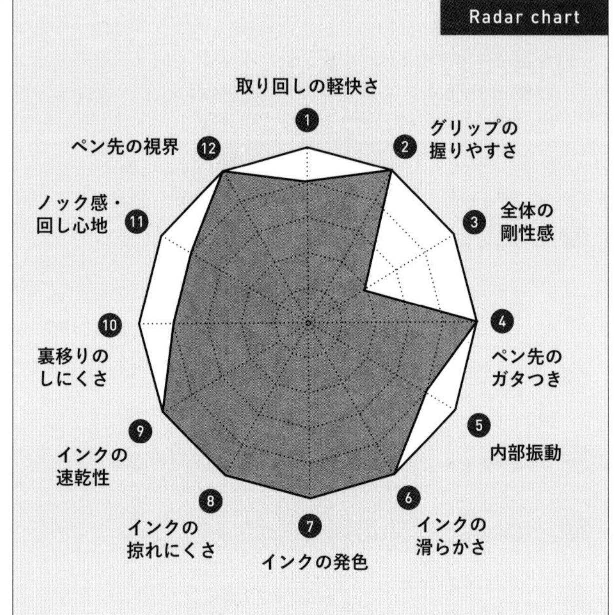

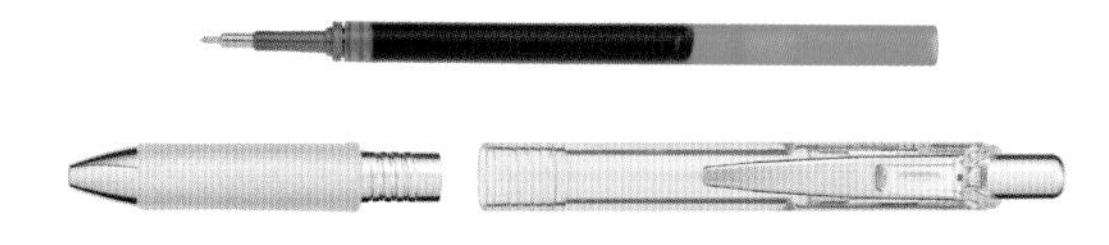

発色のよさと速乾が特徴のエナージェルインキ。
このシリーズは、リフィル軸でインク色が直感的に手にわかる。

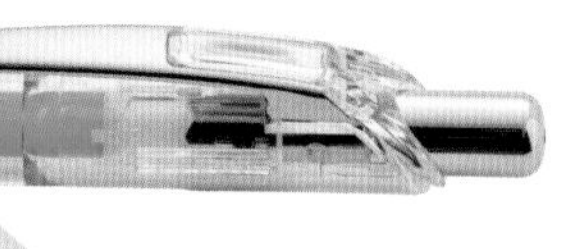

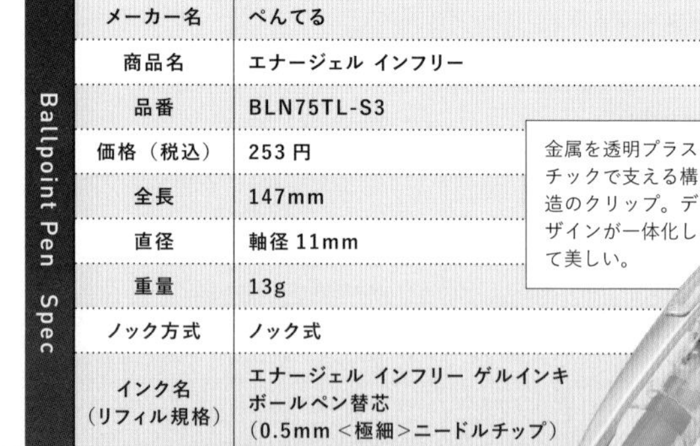

0.5はニードルチップ。手書き時の視認性がいい。クリップ上部も透明で内部構造が見えるのも楽しい。

Ballpoint Pen Spec

メーカー名	ぺんてる
商品名	エナージェル インフリー
品番	BLN75TL-S3
価格（税込）	253円
全長	147mm
直径	軸径 11mm
重量	13g
ノック方式	ノック式
インク名（リフィル規格）	エナージェル インフリー ゲルインキ ボールペン替芯（0.5mm <極細>ニードルチップ）

金属を透明プラスチックで支える構造のクリップ。デザインが一体化して美しい。

滑らかさとカラーバリエーションで“アイデアが加速する”

総評

エナージェルは“スッと書けてサッと乾く”をキャッチフレーズにしており、書いてから3秒経てばしっかりと乾く。左利きの人でも手の側面が汚れる心配がない。“アイデアが加速する”のキャッチコピー通り、濃く書けてスムーズな書き心地。カラーが豊富で珍しい色もラインアップされている。掲載したペンのインクはターコイズブルー。他にもバーカンディやラフグレーなど他商品と被らないカラーバリエーションだ。クリエイティブなアイデアも、加速するように湧き出るボールペンである。

	項目	評価
1	取り回しの軽快さ ★★★★☆	軽量で取り回しはいいほうだが、重心が高いのが気になった。
2	グリップの握りやすさ ★★★★★	ラバーグリップが搭載されているので指に負担がかかりにくく、滑ることはまずない。適度な太さで、クリップが指に当たることもない。
3	全体の剛性感 ★★☆☆☆	プラスチックボディなので剛性はイマイチ。素早く書く用のペンなので剛性は必要なし。
4	ペン先のガタつき ★★★★★	ペン先のガタつきはほとんど感じなかった。
5	内部振動 ★★★★☆	内部振動はほとんど感じないが、素早くペンを走らせると細かい振動を感じる。
6	インクの滑らかさ ★★★★★	非常に小さい抵抗で、滑らかに書くことができた。
7	インクの発色 ★★★★★	思った以上にきれいなターコイズブルーの発色だった。結構目立つ。
8	インクの掠れにくさ ★★★★★	インクのフローがよく、ほとんど掠れなかった。
9	インクの速乾性 ★★★★★	びっくりするほどすぐ乾いた。
10	裏移りのしにくさ ★★★★☆	裏移りは気になったので、裏移りしにくい紙を使うのがベスト。
11	ノック感・回し心地 ★★★★☆	押しごたえのある乾いたノック感だが、周囲に響きやすいので注意。
12	ペン先の視界 ★★★★★	ペン先が尖った形状になっており、視界はクリア。

まとめ

大人も使えるゲルインキボールペン。
滑らかで発色がいいため、書くのが楽しい。

027

ぺんてる

エナージェル フィログラフィ

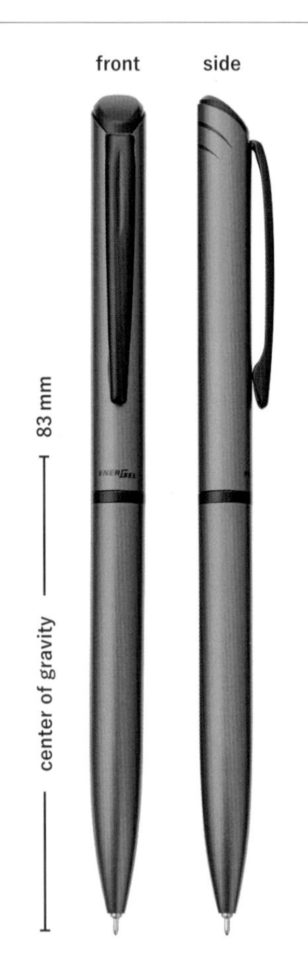

ボディは真鍮で存在感がある。マットな加工が施されていて滑りづらい。

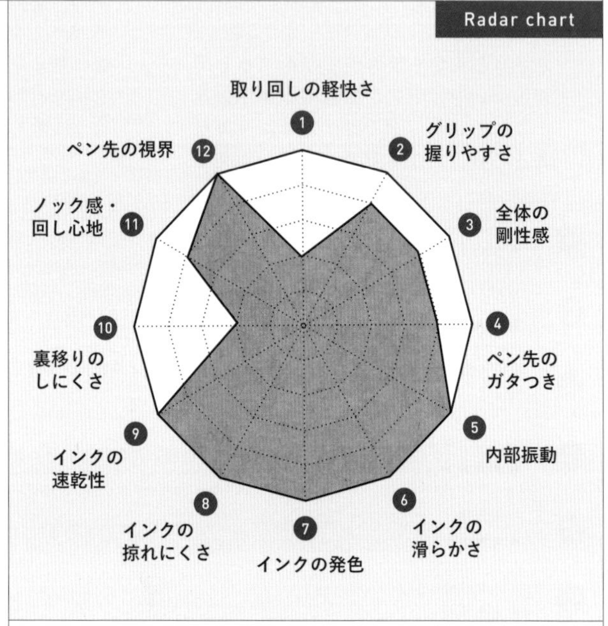

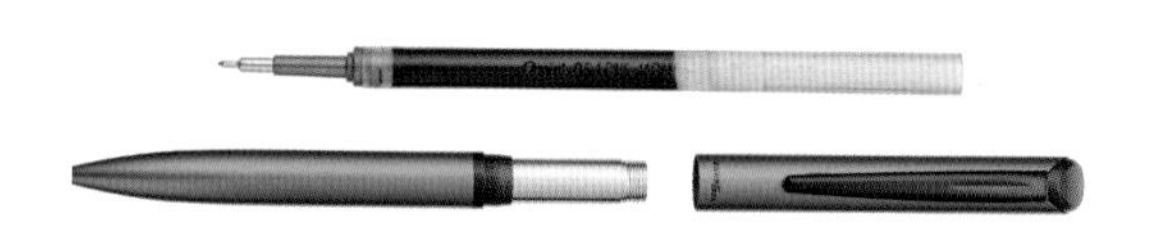

リフィルの軸は少し太め。インクの出のよいエナージェルでも満足に使える量になっている。

Ballpoint Pen Spec

メーカー名	ぺんてる
商品名	エナージェル フィログラフィ
品番	（0.5ターコイズブルー）BLN2005S
価格（税込）	2,200円
全長	143mm
直径	軸径 10mm
重量	25g
ノック方式	回転繰り出し式
インク名（リフィル規格）	エナージェル ゲルインキ ボールペン替芯（0.5mm〈極細〉ニードルチップ）

天冠近くの二重線はインキ性能（滑らかさ、速乾性、発色性）を表している。

このボールペンなら、きっと書くことが好きになる

総評

エナージェルフィログラフィはエナージェル（P.070）の高級モデル。エナージェルの速乾性はそのままに、真鍮ボディになって所有欲が満たされるモデルに。細く尖ったニードルチップのペン先で筆記時の視界がいい。抵抗の少ない滑らかな書き心地も魅力。

“philo（愛する）”と“graphy（書く）”という言葉を組み合わせたphilography は、書くことをもっと好きになって欲しいというメッセージが込められている。

1	取り回しの軽快さ ★★☆☆☆	ずっしりしており、重心も高めな位置にあるので、書いていて重たく感じる。
2	グリップの握りやすさ ★★★★☆	握っている時クリップに指は当たらず、ボディに段差もないため、握り心地にストレスはない。金属グリップだから長時間握ると指が痛む可能性はある。
3	全体の剛性感 ★★★★☆	ボディは硬さがあり剛性を感じるが、リフィルが樹脂製のため、やや柔らかい書き心地になっている。
4	ペン先のガタつき ★★★★☆	若干はあるものの、ほとんど気にならなかった。
5	内部振動 ★★★★★	回転繰り出し式ということもあり、内部振動は皆無。内部振動がないため雑念なく筆記できる。
6	インクの滑らかさ ★★★★★	非常に小さい抵抗で、滑らかに書くことができた。
7	インクの発色 ★★★★★	発色のいい黒さ。
8	インクの掠れにくさ ★★★★★	インクのフローがよく、ほとんど掠れなかった。
9	インクの速乾性 ★★★★★	想像以上にすぐ乾いた。
10	裏移りのしにくさ ★★☆☆☆	裏移りが気になったので、裏移りしにくい紙を使ったほうがいい。
11	ノック感・回し心地 ★★★★☆	しっとりとした回し心地で気もちがいい。欲をいえばもう少し軽い力で回せたらよかった。
12	ペン先の視界 ★★★★★	ペン先が尖った形状になっており、クリアな視界で筆記できる。

まとめ

エナージェルを金属ボディで楽しみたいこだわり派におすすめ。

こちらもCHECK

028

ぺんてる

カルム
単色ボールペン

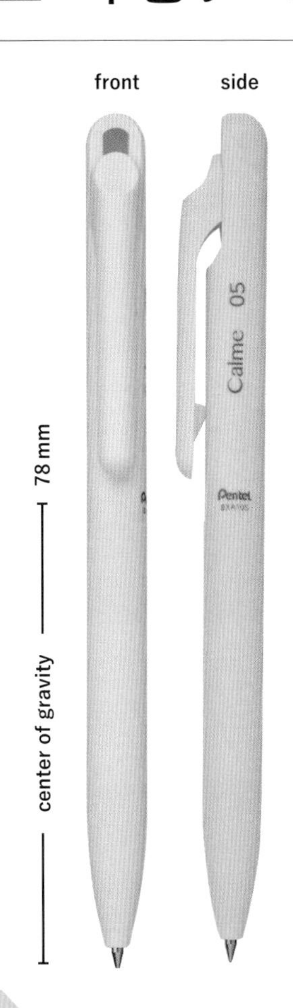

Radar chart

1 取り回しの軽快さ
2 グリップの握りやすさ
3 全体の剛性感
4 ペン先のガタつき
5 内部振動
6 インクの滑らかさ
7 インクの発色
8 インクの掠れにくさ
9 インクの速乾性
10 裏移りのしにくさ
11 ノック感・回し心地
12 ペン先の視界

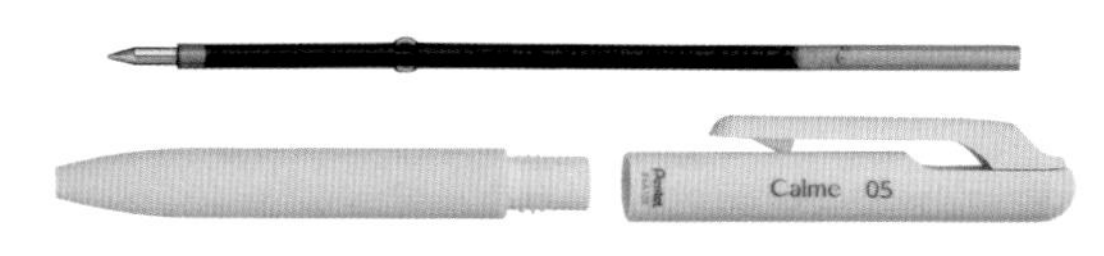

筆跡のボテを軽減しているため、
書いた後に汚れが出にくいインクになっている。

カメラの持ち手を思わせる革調のグリップは手にしっとり馴染む。ノック部は指にフィットする形状で、使う人へのやさしさを感じる。

ノック時の衝突音を防ぐ静音設計のクリップ兼用ノック部。

Ballpoint Pen Spec

メーカー名	ぺんてる
商品名	カルム 単色ボールペン
品番	（0.5 グレイッシュホワイト）BXA105W-A
価格（税込）	165 円
全長	140mm
直径	軸径 11mm
重量	10g
ノック方式	ノック式
インク名（リフィル規格）	単色ボールペン用 替芯 0.5mm

自分のことだけでなく、周囲の人のことを考えた静音設計ペン

総評

「穏やかな」「静かな」という意味を持つカルム(calme)。その名の通り、ノック時のボールペン内部の部品衝突を穏やかにし、ノック音を静かなものにした。
グリップは一眼レフカメラのもち手の革のような、握り心地のよさ。クリップとノック部が一体となり、ペンの側面に配置された個性的なデザインは、どんな場面でも環境に溶け込む。使用者やその周囲の集中を邪魔しない、“配慮できる”ボールペンである。

1	取り回しの軽快さ ★★★★☆	軽量で取り回しはいいほうだが、重心が高いのが気になった。
2	グリップの握りやすさ ★★★★★	広い面積に使われたラバーグリップが、グリップ力を発揮してくれる。指にやさしい設計。
3	全体の剛性感 ★★☆☆☆	プラスチックボディなので剛性は低い。素早い筆記用のペンなので剛性は不要だろう。
4	ペン先のガタつき ★★★★★	ペン先のガタつきはほとんど感じなかった。
5	内部振動 ★★★★☆	内部振動はほとんど感じないが、素早くペンを走らせると細かい振動を感じる。
6	インクの滑らかさ ★★★★☆	油性のわりに重たさを感じにくく、軽い力で進めることができる。
7	インクの発色 ★★★☆☆	普通。黒インクは灰色っぽい色味になっている。
8	インクの掠れにくさ ★★★☆☆	掠れやすさに関しては、普通。たまに掠れることがあるが、許容範囲内。
9	インクの速乾性 ★★★★★	書いた直後に擦ってもほとんど伸びなかった。
10	裏移りのしにくさ ★★★★☆	若干裏移りすることもあるが、特段気になることはない。
11	ノック感・回し心地 ★★★☆☆	静かなノック音だが、完全にゼロというわけではない。ノック感は普通。
12	ペン先の視界 ★★★☆☆	平均的である。

まとめ 気軽に使える静かなボールペンを探している人におすすめ。

029

三菱鉛筆

ジェットストリーム エッジ

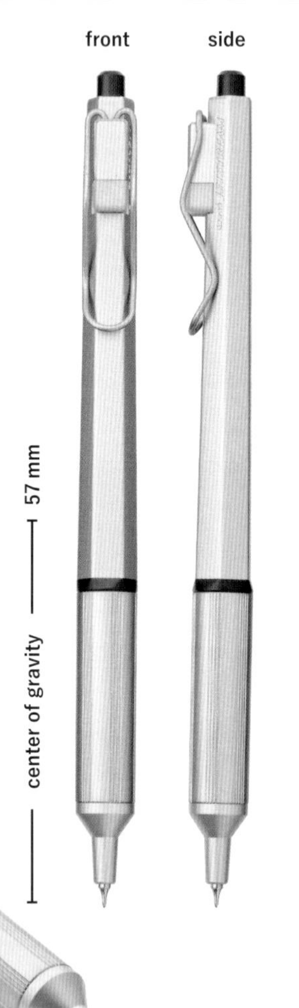

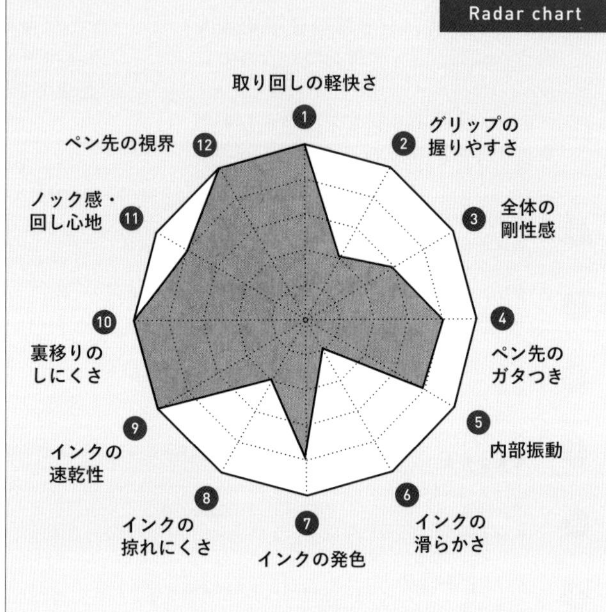

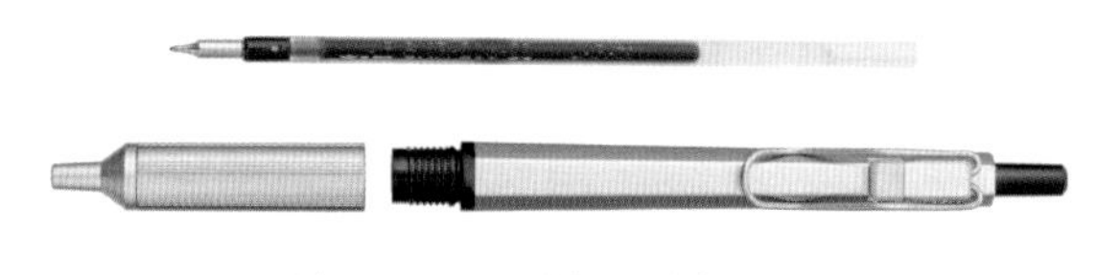

六角形だからできる放射状のボディラインと、
クリップのシェイプで、シャープな筆記線を視覚的に表現。

グリップはライン加工されているが、滑りやすい。視界が損なわれないポイントチップと呼ばれるペン先など随所に工夫が見られる。

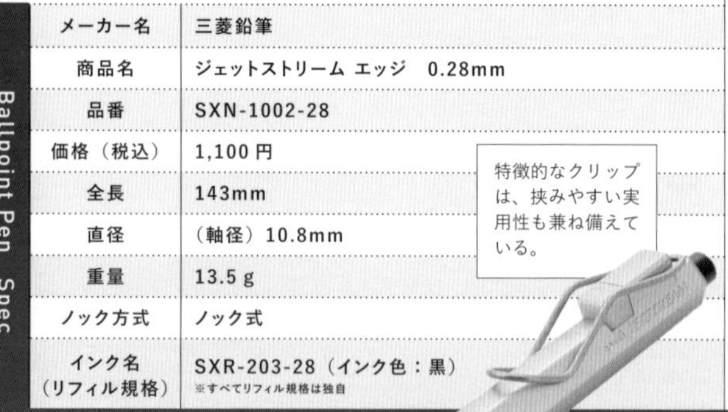

特徴的なクリップは、挟みやすい実用性も兼ね備えている。

Ballpoint Pen Spec

メーカー名	三菱鉛筆
商品名	ジェットストリーム エッジ　0.28mm
品番	SXN-1002-28
価格（税込）	1,100 円
全長	143mm
直径	（軸径）10.8mm
重量	13.5 g
ノック方式	ノック式
インク名（リフィル規格）	SXR-203-28（インク色：黒） ※すべてリフィル規格は独自

細かく書くのに特化しまくったジェットストリーム

総評

ジェットストリームエッジのペン先は0.28mmのボール径のラインアップがあり、世界で最も細い油性ボールペン（2019年8月現在〈三菱鉛筆調べによる〉）となっている。ペン先をよく見てみると、尖った形状になっている。これはポイントチップといい、細かい文字を書く時でもペン先がクリアに見える。
デザインが今時で、センスのいい三菱鉛筆らしさをまとっている。クリップも大きく開きやすいのも高評価。グリップがすべすべしていて滑りやすいのは難点。

	項目	評価
1	取り回しの軽快さ ★★★★★	軸は樹脂製、グリップは金属製で低重心設計になっており、重さを感じずに筆記ができる。
2	グリップの握りやすさ ★★☆☆☆	すべすべしており、乾燥していると滑りやすいので注意が必要。
3	全体の剛性感 ★★★☆☆	金属製のグリップだが後軸は樹脂製になっている。
4	ペン先のガタつき ★★★★☆	若干は感じるものの、ほとんど気にならなかった。
5	内部振動 ★★★★☆	内部振動はほとんどないが、素早くペンを走らせると細かい振動を感じる。
6	インクの滑らかさ ★☆☆☆☆	カリカリした書き味。ジェットストリームをもってしても、この細さはどうしてもカリカリしてしまうだろう。
7	インクの発色 ★★★★☆	十分黒いが、パイロットのアクロインキには劣る。少し焦茶っぽい発色。
8	インクの掠れにくさ ★★☆☆☆	書く環境によって注意が必要。寝かせて書くと掠れやすい。また、ザラザラした机の上に紙1枚だけ敷いて書くと掠れやすい。
9	インクの速乾性 ★★★★★	書いた直後に擦ってもほとんど伸びなかった。
10	裏移りのしにくさ ★★★★★	ほとんど裏移りしなかった。
11	ノック感・回し心地 ★★★★☆	やや粘度のある独特なノック感である。ノック感はいいほうだが、しっとりしすぎてる気がする。
12	ペン先の視界 ★★★★★	ペン先が尖った形状になっており、ペン先の視界はいい。細かい文字もストレスなく書ける。

まとめ
紙や筆記環境によって掠れ具合が大きく異なるので注意。超細かい文字を書きたい人におすすめ。

こちらもCHECK

030

三菱鉛筆

ジェットストリーム ラバーボディ

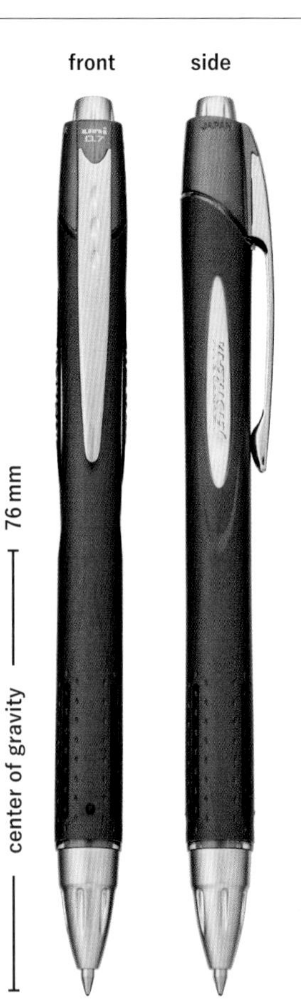

Radar chart

1 取り回しの軽快さ
2 グリップの握りやすさ
3 全体の剛性感
4 ペン先のガタつき
5 内部振動
6 インクの滑らかさ
7 インクの発色
8 インクの掠れにくさ
9 インクの速乾性
10 裏移りのしにくさ
11 ノック感・回し心地
12 ペン先の視界

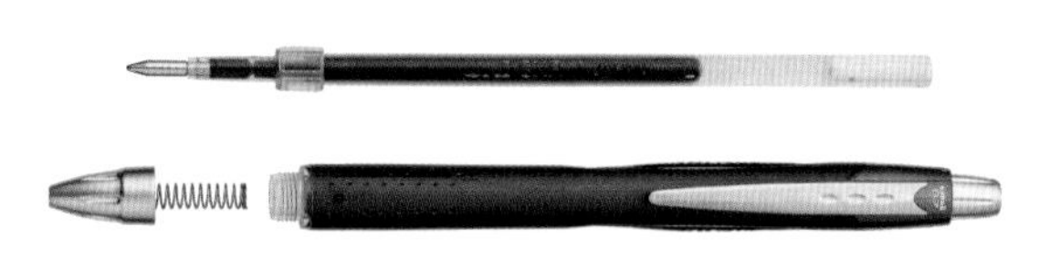

ジェットストリームの名前は、ジェット機が由来。
途切れることなく滑らかに筆記できることから名付けられた。

どこか宇宙船を思わせるデザインがかっこいい。

Ballpoint Pen Spec

メーカー名	三菱鉛筆
商品名	ジェットストリーム ラバーボディ
品番	SXN-250-07
価格（税込）	275 円
全長	141.5mm
直径	（軸径）11.3mm（最大径Φ）
重量	11.5 g
ノック方式	ノック式
インク名（リフィル規格）	SXR-7 ※インク色は赤、青、黒。リフィル規格はすべて独自

ラフに使いやすいスタンダードなクリップ。

教室にもオフィスにも、必ずある。超メジャーボールペン

総評

誰もが一度は使ったことがある、日本人に最も浸透しているボールペンのひとつ。“クセになる、なめらか書き味。”というキャッチコピーは誰もが聞いたこと（見たこと）があるだろう。
インクは超低摩擦、かつ速乾で濃い。筆圧が弱くても滑らかにインクが供給されるため掠れにくい。早く乾くため筆記していて手の側面が汚れにくいのも好評価。
油性ボールペンの短所をすべて潰した、世界のボールペンファンからも愛される1本である。

	項目	コメント
1	取り回しの軽快さ ★★★★☆	重量は軽くペンを走らせやすいが、やや重心が高いため、もう少し重心を下げて欲しかった。
2	グリップの握りやすさ ★★★★☆	全身ラバーボディなのでグリップ力は素晴らしい。クリップが長く、指に干渉することがあるので注意が必要。
3	全体の剛性感 ★★☆☆☆	プラスチックボディなので剛性は感じにくい。素早くスイスイ書く用なので重視しない。
4	ペン先のガタつき ★★★★☆	若干ガタつきはあったものの、普段使いではあまり気にならないレベル。
5	内部振動 ★★★★★	こちらは内部振動を抑えることをうたったペンではないが、内部振動はほとんど感じなかった。
6	インクの滑らかさ ★★★★★	流石のジェットストリームインク。滑らかさは油性ボールペンの中でもトップクラスだと思う。
7	インクの発色 ★★★★☆	十分黒いが、エッジ（P.076）同様パイロットのアクロインキには劣り、少し焦茶っぽさを感じる色味。
8	インクの掠れにくさ ★★★★☆	久々に書き出す時はやや掠れる感じはあるが、書いてる最中に掠れることはあまりない。
9	インクの速乾性 ★★★★★	書いた直後に擦ってもほとんど伸びなかった。
10	裏移りのしにくさ ★★★★★	ほとんど裏移りしなかった。
11	ノック感・回し心地 ★★☆☆☆	プラスチック同士の引っ掛かりを感じるノック感であまり好きではない。しっとりしている。
12	ペン先の視界 ★★★☆☆	平均的である。

まとめ　**無難な油性ボールペン。間違いない。**

031

三菱鉛筆

ジェットストリーム プライム ノック式シングル

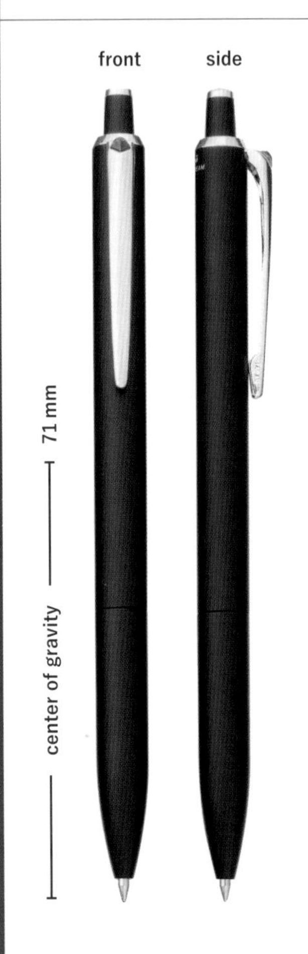

賛否分かれる宝石を模した装飾。個人的にはどうも好きになれない。

Radar chart

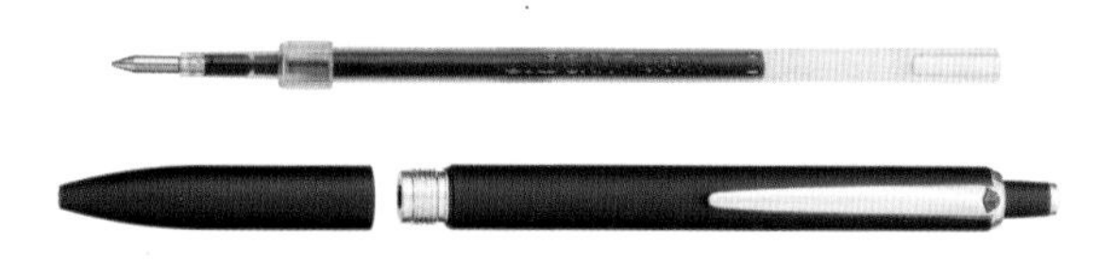

リフィルにセットされているプラスチックパーツのおかげで内部振動が抑えられている。

Ballpoint Pen Spec

メーカー名	三菱鉛筆
商品名	ジェットストリーム プライム ノック式シングル　0.7mm
品番	SXN-2200-07
価格（税込）	2,420 円
全長	141.6mm
直径	（軸径）9.8mm
重量	24.7 g
ノック方式	ノック式
インク名（リフィル規格）	SXR-7（独自規格）

シンプルなフォルムに存在感のあるクリップが光る。

剛質な高級ジェットストリーム

総評

マットな質感に段差のない高級感あふれる軸デザイン。クリップ上部には宝石を模したパーツが取りつけられているが、このデザインは賛否が分かれる。軸色はブラックを含め3色展開され、ボール径0.5mmはライトピンク色となっており、どれも上品さがある。柔らかくやさしいノック感。ジェットストリームインクにより、筆記感もソフトでサラサラとしている。
リフィルの形状はジェットストリーム ラバーボディ（P.078）と同一であり、インクがなくなった時に替芯を手に入れやすいことも魅力のひとつであろう。

	項目	評価
1	取り回しの軽快さ ★★★☆☆	ずっしりとしたボディなので軽快さはあまりないが、普段使いでは問題ない。
2	グリップの握りやすさ ★★★★☆	握っている時にストレスはないが、金属グリップだから長時間握ると指が痛くなる可能性も。
3	全体の剛性感 ★★★★☆	ボディに重厚さはあるが、リフィルが樹脂製のため、書く時にやや柔らかさを感じる。
4	ペン先のガタつき ★★★★★	ペン先のガタつきはほとんど感じなかった。
5	内部振動 ★★★★★	ノック式ではあるが、内部振動はほとんど感じなかった。さすがジェットストリームプライム。
6	インクの滑らかさ ★★★★★	安定のジェットストリームインク。油性ボールペンの中でもトップクラスの滑らかさ。
7	インクの発色 ★★★★☆	十分黒いものの、ジェットストリーム ラバーボディ同様に、少し焦茶っぽい発色はある。
8	インクの掠れにくさ ★★★★☆	ジェットストリーム ラバーボディ同様、久々に書き出す時はやや掠れる感じはある。書いてる最中は掠れない。
9	インクの速乾性 ★★★★★	書いた直後に擦ってもほとんど伸びなかった。
10	裏移りのしにくさ ★★★★★	ほとんど裏移りしなかった。
11	ノック感・回し心地 ★★★★☆	究極にしっとりとした滑らかなノック感で、個性的ながら気もちがいい。ノック音も静かなので嬉しい。
12	ペン先の視界 ★★★☆☆	平均的である。

まとめ

普段使いしやすい高級ジェットストリーム。
クリップの宝石を模したパーツが無ければ……。

032

三菱鉛筆

ジェットストリームプライム 回転繰り出し式シングル

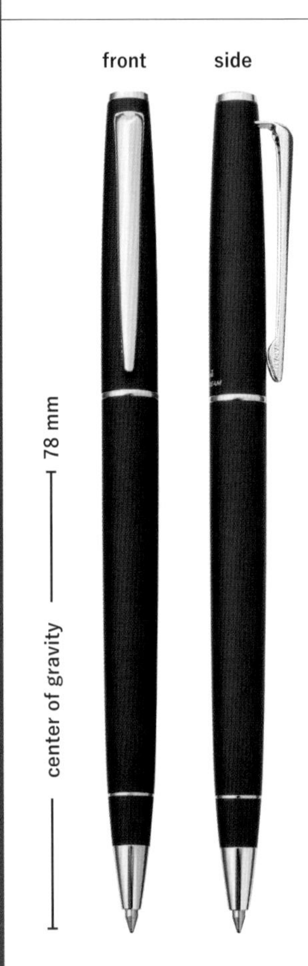

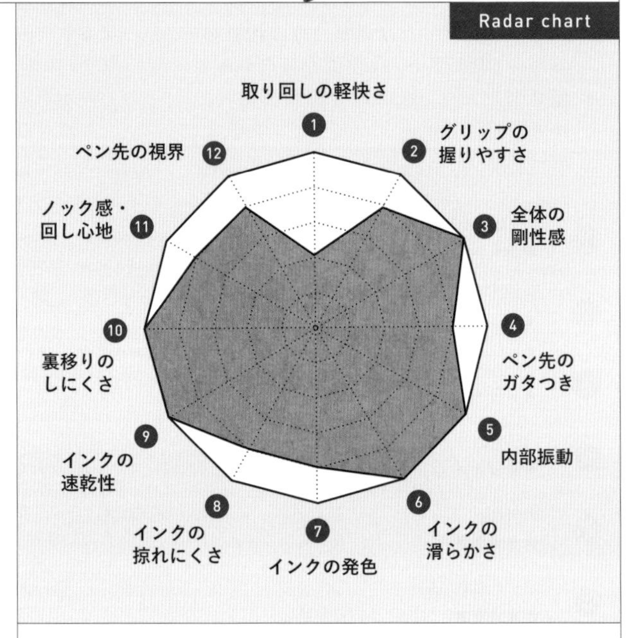

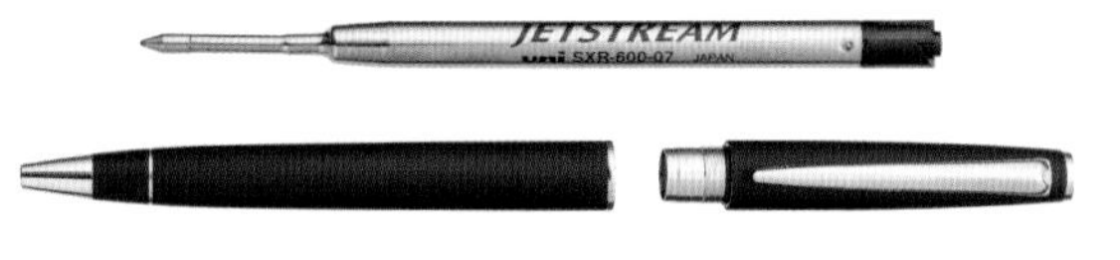

リフィルはジェットストリームシリーズ初のG2規格。海外を見据えた気概が感じられる。

回転繰り出し機構は一般的なノック式よりも剛性が高く、安定した筆記ができる。

Ballpoint Pen Spec

メーカー名	三菱鉛筆
商品名	ジェットストリームプライム 回転練り出し式シングル
品番	SXK-3000-07
価格（税込）	3,300円
全長	140mm
直径	10.4mm
重量	30.3g
ノック方式	回転繰り出し式
インク名（リフィル規格）	SXR-600-07（G2規格）

クリップは根元部分が微かに高くなる特徴的な構造

金属のよさが光る
ジェットストリームの最高峰

総評

ジェットストリームシリーズの最高峰モデル。リフィルはG2規格を採用。リフィルだけでも販売しているため、他社のG2規格対応のボディにこちらのジェットストリームインクを装着することもできる。先端に向けて緩やかに細くなる流線型のボディは優美でビジネスシーンにもふさわしい。回転繰り出し式のため、ノック式と比べて音や振動が抑えられており、金属製のリフィルボディによって素晴らしい書き心地を実現している。まさに最高峰の名にふさわしい完成度である。

1	取り回しの軽快さ ★★☆☆☆	フルメタルボディのため30.3g。重量感はあるが、長文を書かなければ十分。
2	グリップの握りやすさ ★★★★☆	握る際の不都合はないが、金属グリップで長時間の握り心地は保証できない。
3	全体の剛性感 ★★★★★	流石のフルメタルボディ。金属リフィルというのもあり、コツコツ感が楽しめる。
4	ペン先のガタつき ★★★★☆	ガタつきは小さいほう。欲をいえばもう少し抑えて欲しかったが、多くの人にとっては気にならない程度だろう。
5	内部振動 ★★★★★	回転繰り出し式ということもあり、内部振動は皆無。内部振動がないため筆記に集中できる。
6	インクの滑らかさ ★★★★★	ジェットストリームインクは油性ボールペンの中でも流石の滑らかさ。
7	インクの発色 ★★★★☆	ジェットストリーム ラバーボディ（P.078）同様、少し焦茶っぽい発色がある。
8	インクの掠れにくさ ★★★★☆	ジェットストリーム ラバーボディ同様、久々に書き出す時はやや掠れるが、書いてる最中に掠れることはあまりない。
9	インクの速乾性 ★★★★★	書いた直後に擦ってもほとんど伸びなかった。
10	裏移りのしにくさ ★★★★★	ほとんど裏移りしなかった。
11	ノック感・回し心地 ★★★★☆	繰り出す時に金属パーツ擦れる感覚が若干するが、回し心地はいいほう。
12	ペン先の視界 ★★★★☆	口金は細く、ペン先の視界は良好。

**ジェットストリームの傑作モデル。
“いいボールペン”で迷ったらこれ。**

こちらもCHECK

033

三菱鉛筆

ピュアモルト

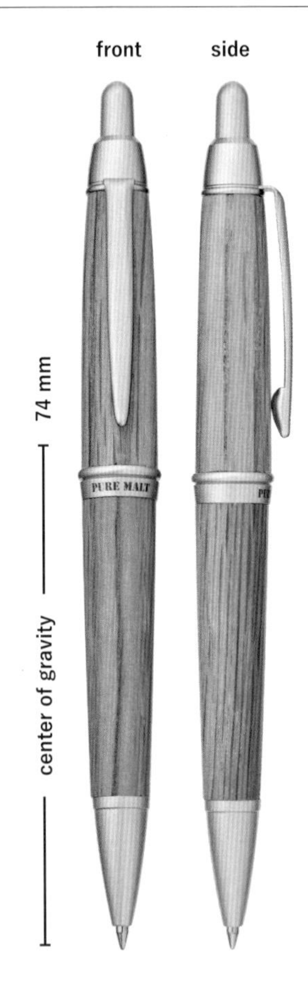

Radar chart

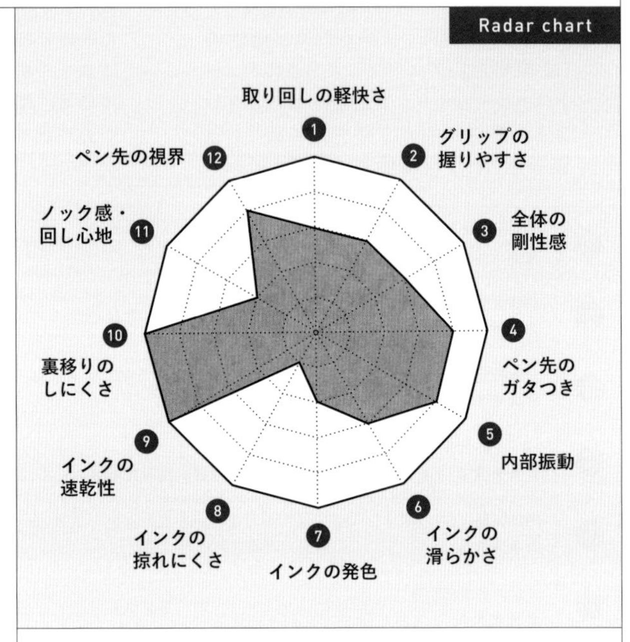

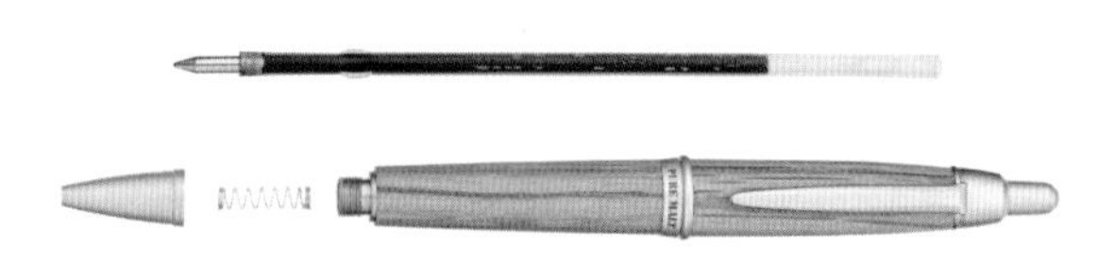

全体の丸みを帯びたシェイプが
どこか可愛らしいイメージを作り出している。

すでに時を経た木材が、使うことによってさらに経年変化していく。

Ballpoint Pen Spec

メーカー名	三菱鉛筆
商品名	ピュアモルト
品番	SS-1015
価格（税込）	1,100 円
全長	135.6mm
直径	（軸径）12.4mm
重量	27.8g
ノック方式	ノック式
インク名（リフィル規格）	S-7L ※インク色は黒、赤、青。リフィル規格は独自

マットな金属も含めて、全体がウイスキー樽を想起させるデザインに。

ウイスキー樽に再び活躍の場が与えられた

総評

このピュアモルトは、サントリーウイスキーの樽から作られた木軸のボールペンだ。1本1本木目や色合いが微妙に異なり、木軸ならではの温もりを感じさせてくれる。さらに、使い込むほどに変化し、使用者が育てる独自の艶が生まれる。ペン先、装飾リング、クリップやノック部の金属パーツは、ウイスキー樽のフープ（樽の側板をまとめる鉄製のタガ）を思わせる。
長年大切に使われてきた樽がボールペンとして転生し、再び人の手に渡る物語もまた、使用者に愛着を抱かせるだろう。

No.	項目	評価	コメント
1	取り回しの軽快さ	★★★☆☆	30g弱とずっしりしており、軽快さはあまり感じない。
2	グリップの握りやすさ	★★★☆☆	木軸でナチュラルな触り心地だが、グリップ上部のリングには段差があり、クリップが指に当たりやすいのが難点。
3	全体の剛性感	★★★☆☆	ボディ剛性はそこそこあるが、内部のリフィルが樹脂なのとリフィル径が細いためか、筆圧をかけるとたわみ、ソフトな書き心地である。
4	ペン先のガタつき	★★★★☆	ガタつきは若干感じるが、普段使いではあまり気にならないレベル。
5	内部振動	★★★★☆	内部振動はほとんど感じないが、素早くペンを走らせるとキャップあたりから細かい振動を感じる。
6	インクの滑らかさ	★★★☆☆	普通。特段滑らかというわけではないが、普通に使っていける。
7	インクの発色	★★☆☆☆	インク自体、灰色っぽい色味で薄く、掠れも多いため、筆跡は薄め。
8	インクの掠れにくさ	★☆☆☆☆	かなり掠れる。三菱鉛筆だからジェットストリームインクを入れて欲しかった。
9	インクの速乾性	★★★★★	書いた直後に擦ってもほとんど伸びなかった。
10	裏移りのしにくさ	★★★★★	乾き気味なインクであるためか、裏移りはほとんどしなかった。
11	ノック感・回し心地	★★☆☆☆	内部のバネが擦れている感覚がするノック感。乾いたノック感でクリック感はあるが、少し不快。
12	ペン先の視界	★★★★☆	口金は意外にも細くなっており、ペン先の視界は良好。

まとめ
インクは改善の余地あり。
ボディの作りからしてこの価格はお手頃に感じる。

034

三菱鉛筆

ユニボール ワン

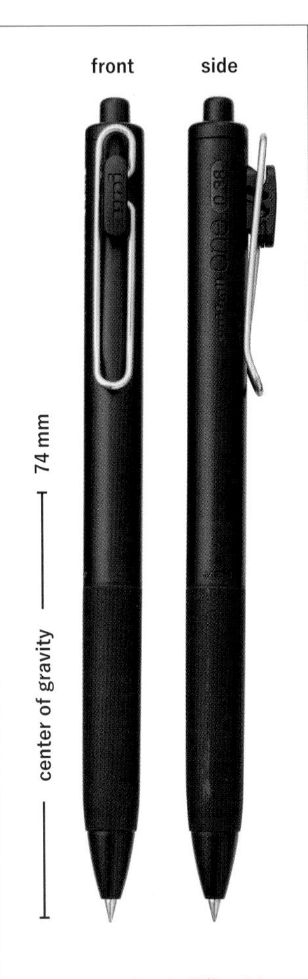

Radar chart

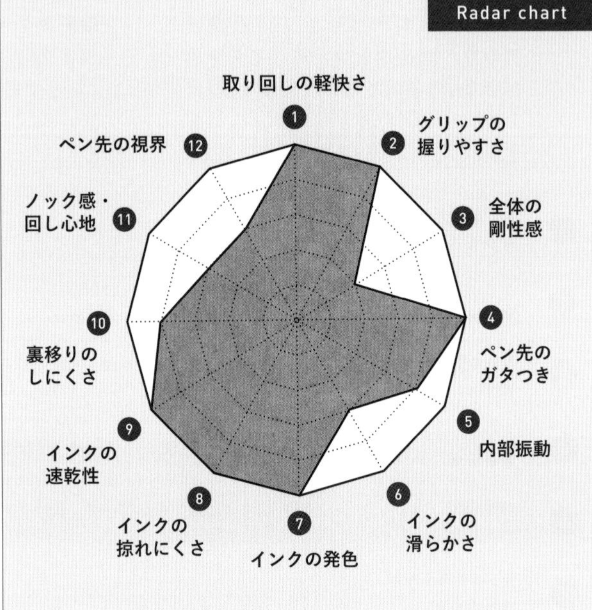

独自開発のビーズパック顔料を使用。粒子のサイズを大きくすることで、色材の紙面への浸透を極力抑え、本来の色が発色されるようになった。浸透が少ないため、裏抜けも抑えられる。

オーバル形状の"オープンワイヤークリップ"は、スタイリッシュなデザイン。可動式で、使いやすさ抜群。

Ballpoint Pen Spec

メーカー名	三菱鉛筆
商品名	ユニボール ワン　0.38mm
品番	UMN-S-38
価格（税込）	132 円
全長	139.5mm
直径	（軸径）10.5mm
重量	9.6g
ノック方式	ノック式
インク名（リフィル規格）	UMR-38S ※インク色：黒、赤、青、オレンジ、ブルーブラック。リフィル規格はすべて独自

立命館大学との共同研究により、ユニボール ワンの濃い黒インクで書いた文字のほうが記憶に残りやすいことが実証された。

ギネス世界記録™認定 新開発の顔料インク

総評

“ノート、くっきりキマる。”をコンセプトに発売されたユニボールワンは「発色」に特化したボールペン。その濃さはなんと、「最も黒いゲルインクボールペン」としてギネス世界記録™に認定されたほどである。
新開発のゲルインクなので、黒はより濃く、カラーはより鮮やかに発色する。洗練されたシンプルなボディに、使い勝手のいい可動式クリップが搭載され、使いやすさに定評があるデザインである。

No.	項目	評価	コメント
1	取り回しの軽快さ	★★★★★	ボディは10g弱と軽く、書いている時は重さをまったく感じない。スピードのある筆記が可能。
2	グリップの握りやすさ	★★★★★	ラバーグリップのおかげで滑ることはまずない。適度な太さで、クリップが指に当たる心配もなし。
3	全体の剛性感	★★☆☆☆	プラスチックボディなので仕方ない。高級筆記具のしっとり感は皆無。
4	ペン先のガタつき	★★★★★	ペン先のガタつきは感じにくい。
5	内部振動	★★★★☆	書いてる時の内部振動はほどんど気にならないレベル。
6	インクの滑らかさ	★★★☆☆	ややカリカリとした書き心地ではあるが、いい意味で滑りにくく、きれいな文字を書きやすい。
7	インクの発色	★★★★★	ギネス世界記録™に認定されただけあり、黒の濃さに関しては最強。赤やオレンジなどのカラーも発色が優れているので、文字を強調させたい時に大活躍。
8	インクの掠れにくさ	★★★★★	ゲルインクボールペンということもあり、掠れは少ない。
9	インクの速乾性	★★★★★	書いた直後に擦ってもほとんど伸びなかった。
10	裏移りのしにくさ	★★★★☆	インクの出がいい分、若干裏移りすることがある。
11	ノック感・回し心地	★★★☆☆	しっかりしたノック感で押しごたえがある。個人的にはもう少し乾いたノック感であって欲しかった。
12	ペン先の視界	★★★☆☆	平均的である。

まとめ
とにかく濃い。
ノートや手帳などに“残す文字”を書きたい人におすすめ。

こちらもCHECK

035

無印良品

さらさら描けるゲルインキボールペン ノック式

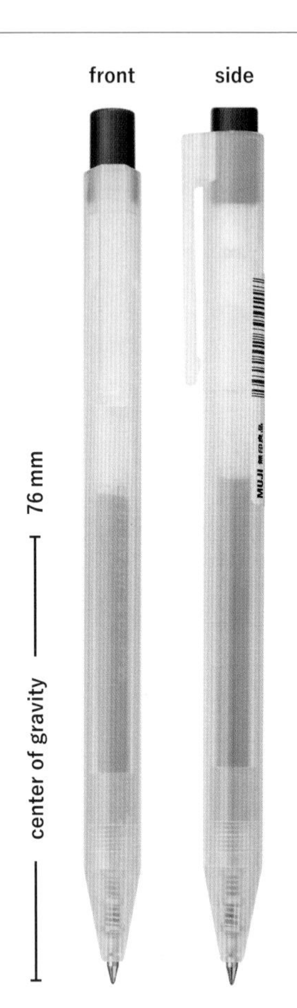

半透明なボディが中の色を淡く伝えてくれる。ペンのノイズとなる情報量を抑えてデザインされているのが無印らしい。

Radar chart

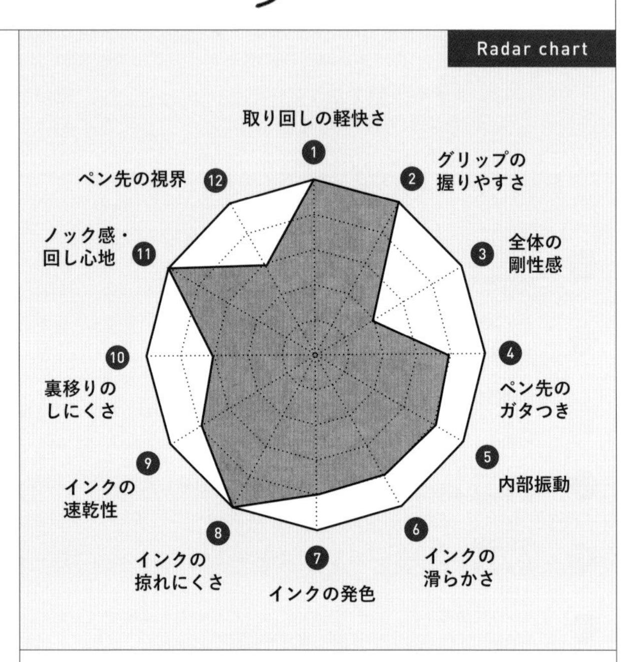

カラーラインアップが16色あり、好みのものを選んで使う楽しみも十分。

Ballpoint Pen Spec

メーカー名	無印良品
商品名	さらさら描けるゲルインキボールペン　ノック式
品番	4550002794118
価格（税込）	120円
全長	145mm
直径	軸の直径は10mm
重量	10g
ノック方式	ノック式
インク名（リフィル規格）	替芯　さらさら描けるゲルインキボールペン 0.3mm（5色）、0.5mm（16色）

半透明なクリップも存在感は小さいが、広げやすく、使いやすい硬さ。

無印良品らしさが込められた最高レベルの無難さ

総評

このボールペンは無印良品の文具コーナーに行くと必ず目に入る。
外観は半透明でいかにも無印良品らしい“最高に無難なデザイン”なのも魅力的である。中のインクがほんのりと透けて、パッと見てすぐに何色のインクが使えるのか判別することができる。

バリエーションも0.5mmは16色あるのも嬉しい。ラバーグリップはついていないが、軽量ボディであるため取り回しが非常によく、多くの場面で活躍するボールペンになるだろう。

1	取り回しの軽快さ ★★★★★	低重心ではないが樹脂ボディで軽く、ササッとした筆記に向いている。
2	グリップの握りやすさ ★★★★★	ちょうどいい太さで、クリップも指に当たらず、ストレスフリーに握ることができる。ラバーではないが特に滑ることはなかった
3	全体の剛性感 ★★☆☆☆	プラスチックボディなので剛性は控えめ。
4	ペン先のガタつき ★★★★☆	若干ガタつきはあるものの普段使いで気になることはほとんどない。
5	内部振動 ★★★★☆	内部振動はほとんど感じないが、素早くペンを走らせると細かい振動を感じる。
6	インクの滑らかさ ★★★★☆	適度な滑らかさがあり、文字を書きやすい。
7	インクの発色 ★★★★☆	やや灰色っぽい落ち着いたトーンであるが、見やすいほう。
8	インクの掠れにくさ ★★★★★	インクのフローがよく、ほとんど掠れなかった。
9	インクの速乾性 ★★★★☆	書いた直後に擦ると線がぼやけることがあった。3秒ほど経過するとほぼ乾いていた。
10	裏移りのしにくさ ★★★☆☆	水性インクのわりに裏移りが少なかった。A4コピー用紙でも使える。
11	ノック感・回し心地 ★★★★★	引っかかりを感じない乾いたノック感で気もちがいい。
12	ペン先の視界 ★★★☆☆	平均的である。

機動力が高く、どこにあっても使いやすい。究極の無難ボールペン。

こちらもCHECK

SEASAR'S

BALLPOINT PEN ENCYCLOPEDIA

世界のボールペン

MADE IN THE WORLD

IWI／アウロラ／ウォーターマン／エス・テー・デュポン／
オロビアンコ／カヴェコ／カランダッシュ／グラビタスペン／
クロス／スティルフォーム／ステッドラー／ディプロマット／
パーカー／ファーバーカステル／フィッシャースペースペン／
ペリカン／モンブラン／ラミー／ロットリング／ロディア

所有欲を満たす憧れの１本

海外のボールペンは、所有することに喜びを感じるのが一番の特徴です。洗練されたデザインが多く、インクよりもボディに力を入れているブランドが多い印象です。価格は比較的高価格帯のものが多く、安いもので2000円程度が普通でしょう。海外ブランドのペンは高そうなオーラを放つものも多く、持っていると周りの人に自慢したくなってしまいます。購入するにはハードルが高い場合がありますが、大人になってビジネスシーンで使えるいいボールペンを持ちたいと考えている人や、大切な人へのギフトを探す人に非常におすすめです。ぜひとっておきの１本を見つけてください。

036

IWI

フュージョン カーボンブラック ゲルペン

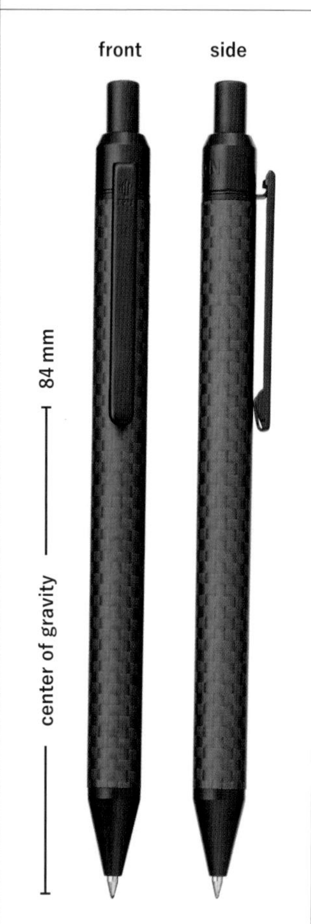

Radar chart

取り回しの軽快さ ①
グリップの握りやすさ ②
全体の剛性感 ③
ペン先のガタつき ④
内部振動 ⑤
インクの滑らかさ ⑥
インクの発色 ⑦
インクの掠れにくさ ⑧
インクの速乾性 ⑨
裏移りのしにくさ ⑩
ノック感・回し心地 ⑪
ペン先の視界 ⑫

ペン先部分を外してリフィルを差し込む形状になっている。ゲルインク搭載で滑らかな書き心地。

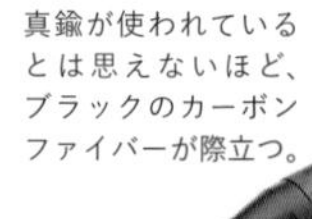

真鍮が使われているとは思えないほど、ブラックのカーボンファイバーが際立つ。

Ballpoint Pen Spec

メーカー名	I W I（台湾）
商品名	フュージョン　カーボンブラック　ゲルペン
品番	7S130-0B-BP
価格（税込）	2,860 円
全長	139mm
直径	10mm
重量	27g
ノック方式	ノック式
インク名（リフィル規格）	IWI ゲルインク リフィル 0.5 ミリ（IWI- GEL977）

クリップは直線的な形状でどこまでもシンプルなデザイン。

技術の蓄積が生み出した1本

総評

IWIはかつて欧米筆記具ブランドのOEMの生産を請け負っていた企業で、その技術を生かして誕生した台湾の文具ブランド。ボディにはカーボンファイバーが使われており、クールで男心がくすぐられるデザインとなっている。
ゲルインクが搭載されているので、インクのフローはいい。27gと重みがあり、速記にはあまり向かないが普段使いでは十分使えるボールペン。ペン先のガタつきが大きいので、ここは改善して欲しい。

1	取り回しの軽快さ ★★☆☆☆	重心が高く、書いている時は重たいペンという印象を受ける。
2	グリップの握りやすさ ★★★★☆	マットな表面のグリップは滑りにくい。クリップは人によっては指に当たる可能性がある。
3	全体の剛性感 ★★★☆☆	カーボンボディはほぼ樹脂ボディみたいなものなので、剛性感は普通。
4	ペン先のガタつき ★★☆☆☆	ペン先のガタつきは、やや大きく感じた。書いている時にカチャカチャ音がすることがあるので残念。
5	内部振動 ★★★★★	内部振動はほとんど感じなかった。キャップのカタカタ振動も筆記中は感じなかった。
6	インクの滑らかさ ★★★★☆	適度な滑らかさがあるため、きれいに文字を書きたいならちょうどいい。
7	インクの発色 ★★★★☆	少し灰色っぽい色味で水性にしてはやや薄く感じた。
8	インクの掠れにくさ ★★★☆☆	早く書くとインクのフローが追いつかない感じがあった。
9	インクの速乾性 ★☆☆☆☆	かなり乾きにくい、5秒以上経過しても指で擦ると結構線が伸びた。
10	裏移りのしにくさ ★★★★☆	インクの出がいい分、若干裏移りすることもあるが、特段気になることはない。
11	ノック感・回し心地 ★★★☆☆	ノック感は普通。完全に滑らかというわけではなく、少し金属が引っかかる感触がある。
12	ペン先の視界 ★★★☆☆	平均的である。

使い勝手は平均的。
他とは違う素材を楽しみたい人におすすめ。

こちらもCHECK

037

アウロラ

オプティマ

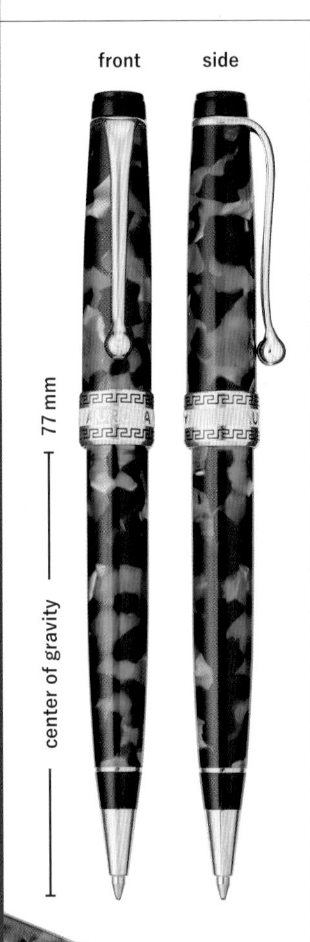

Radar chart

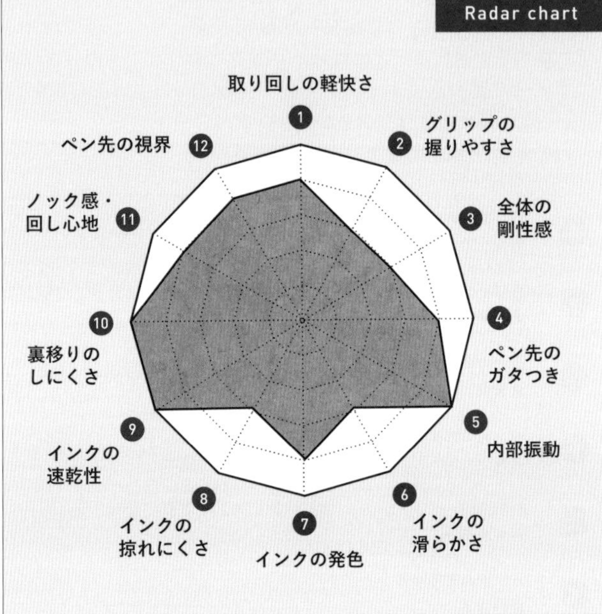

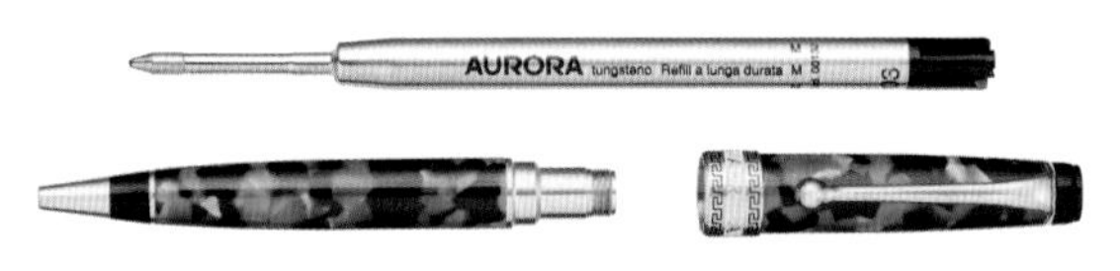

アウロラ社特製のオリジナルリフィルを搭載。
1930 年代にベストセラーとなった人気モデルだけあって風格が漂う。
リフィルは汎用性の高い G2 規格。

古代ローマ時代のグレカ・パターンが施された金色のリングと金色のペン先が目を引く。

Ballpoint Pen Spec

メーカー名	アウロラ（イタリア）
商品名	オプティマ　グリーン　ボールペン
品番	998-V
価格（税込）	60,500 円
全長	135mm
直径	13.0mm
重量	24g
ノック方式	ツイストノック式
インク名（リフィル規格）	ボールペン替芯　黒 F（132-NF）黒 M（132-NM）黒 B（132-NB）　青 F（132-BF）　青 M（132-BM）

唯一無二のボディデザイン

総評

アウロラはイタリアの筆記具ブランドであり、「夜明け」「黎明」という意味を持つ。イタリア最初の万年筆メーカーとして、イタリア筆記具界の夜明けを率いてきた。オプティマにはアウロラ独自のアウロロイド樹脂が使われ、その大人っぽいモザイク柄ボディは唯一無二である。クリップは上品な曲線を描き、装飾リングには“AURORA”の文字と、それを挟むように古代ローマの“グレカ・パターン”がデザインされている。他の人と被ることのない、ファッション性に富んだボールペンだ。

1	取り回しの軽快さ ★★★★☆	樹脂ボディのため、持ってみると軽く感じる。高価だが、実用性は高い。
2	グリップの握りやすさ ★★★☆☆	握りやすさは普通。グリップとリングに段差があるのが気になった。
3	全体の剛性感 ★★★☆☆	樹脂ボディであるため剛性はそこまで高くない。樹脂ボディのわりには内部の回転機構に金属を多く使っており、適度に重々しさのあるボディである。
4	ペン先のガタつき ★★★★☆	ガタつきは若干感じるが、普段使いではあまり気にならないレベル。
5	内部振動 ★★★★★	ツイストノック式ということもあり、内部振動は皆無。
6	インクの滑らかさ ★★★☆☆	ヌラヌラとした油性っぽい適度な滑らかさ。
7	インクの発色 ★★★★☆	発色はいいほう。黒インクは灰色っぽい色味。
8	インクの掠れにくさ ★★★☆☆	掠れやすさに関しては、普通。2画目に掠れることがあるが、許容範囲内。
9	インクの速乾性 ★★★★★	書いた直後に擦ってもほとんど伸びなかった。
10	裏移りのしにくさ ★★★★★	裏移りはほとんどしなかった。
11	ノック感・回し心地 ★★★★☆	気持ちがいいほう。少しひねると勝手に戻ってくれる便利な点も。
12	ペン先の視界 ★★★★☆	ペン先は細長くなっており、視界はいいほう。

まとめ

価格のわりには軽い。実用性の高い
高級ボールペンを探している人におすすめ。

038

ウォーターマン

エキスパート

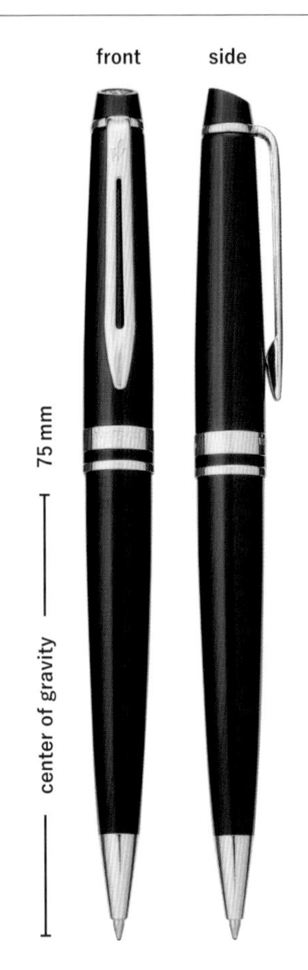

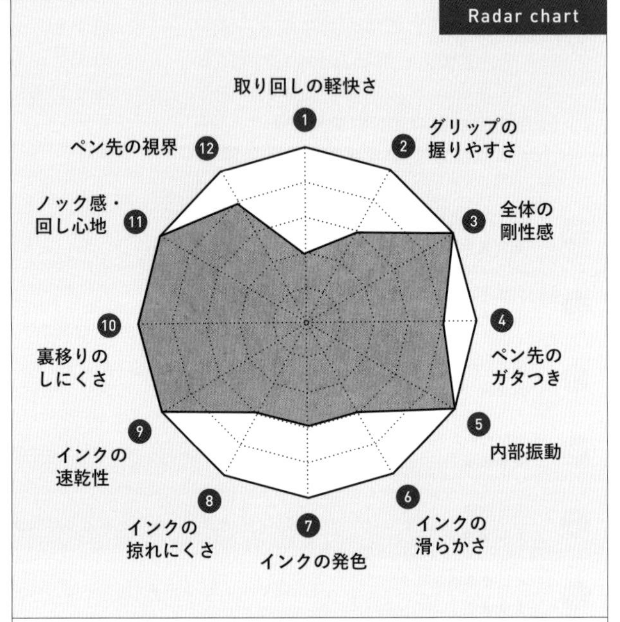

オリジナルリフィルの
ブラックF（細字）が搭載されている。

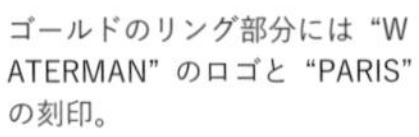

ゴールドのリング部分には“WATERMAN”のロゴと“PARIS”の刻印。

Ballpoint Pen Spec

メーカー名	ウォーターマン（フランス）
商品名	エキスパート エッセンシャル ブラックGT ボールペン
品番	S0951690
価格（税込）	18,700円
全長	143mm
直径	12mm（最大径Φ）
重量	37g
ノック方式	ツイスト式
インク名（リフィル規格）	ボールペン替芯ブラックF

クリップにはウォーターマンを表す「W」のマークがさり気なくあしらわれている。

ウォーターマンエレガンスの誇り

総評

ウォーターマンは現在の万年筆の基礎を築いた世界的筆記具ブランド。同社の筆記具はすべてフランス・ナントで職人の手作業により組み立てられている。エキスパートはウォーターマンの代表的なシリーズ。威厳ある太めで重みのあるボディはブランドの卓越したエレガンスを存分に表現している。しーさーの個人的な統計では、デキるビジネスマンはこのペンを持っている。それほどビジネスマン定番の筆記具だ。装飾リングの“WATERMAN PARIS”と“FRANCE”の刻印は、フランスの誇りと自信を感じさせる。

	項目	コメント
1	取り回しの軽快さ ★★☆☆☆	重量感があり、書いている時は重たいペンという印象を受ける。
2	グリップの握りやすさ ★★★☆☆	滑りやすく感じる。リング部分の段差は極力小さくなっているため、段差は気にならなかった。もう少し滑りにくければ……。
3	全体の剛性感 ★★★★★	“THE 高級ボールペン”らしい優美な書き心地。営業でお客さんに署名をもらう時に渡すとかっこいい。
4	ペン先のガタつき ★★★★☆	ガタつきは小さいほうで、普段使いで気になることはほとんどない。
5	内部振動 ★★★★★	回転繰り出し式ということもあり、内部振動は皆無。一体感を感じて筆記することができる。
6	インクの滑らかさ ★★★☆☆	ヌラヌラとした油性っぽい適度な滑らかさがある。
7	インクの発色 ★★★☆☆	普通。黒インクは灰色っぽい色味になっている。
8	インクの掠れにくさ ★★★☆☆	たまに掠れることがあるが平均的。
9	インクの速乾性 ★★★★★	書いた直後に擦ってもほとんど伸びなかった。
10	裏移りのしにくさ ★★★★★	ほとんど裏移りしなかった。
11	ノック感・回し心地 ★★★★★	軽い力で回すことができ、滑らかでゆったりした絶妙なツイスト感。少しひねるだけで戻ってくれる。
12	ペン先の視界 ★★★★☆	口金が細くなっており、視界は良好。

まとめ

書き心地が素晴らしすぎる。
営業マンにとって間違いのない１本。
これでお客さんにサインを書いてもらいましょう。

ウォーターマン

メトロポリタン

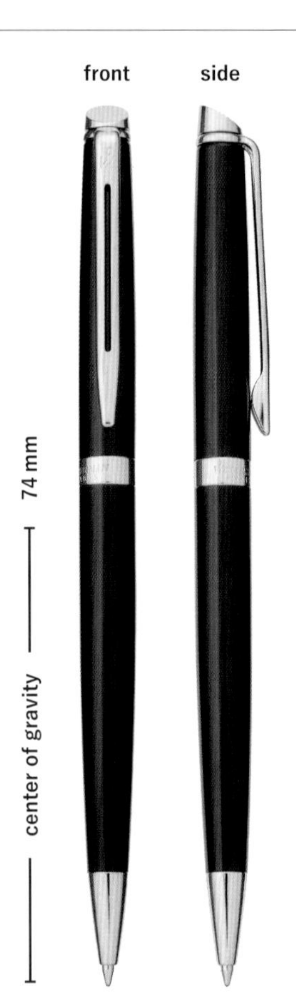

Radar chart

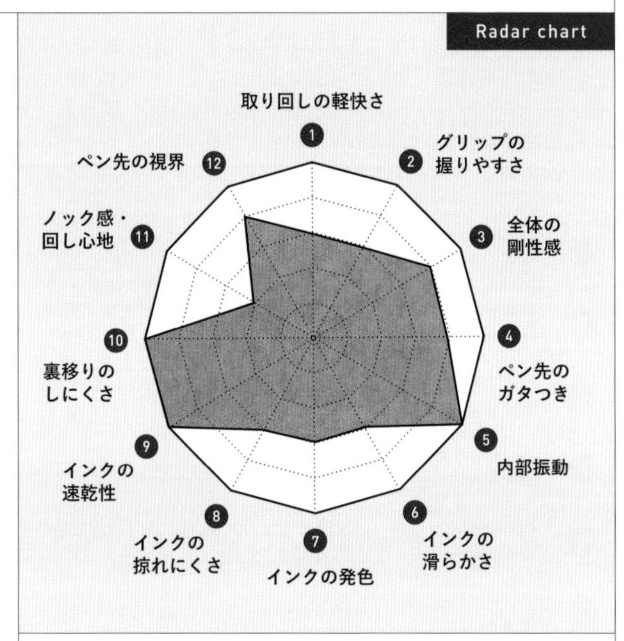

ウォーターマン オリジナルリフィルのブラックF（細字）を搭載。別売りでブルーもある。

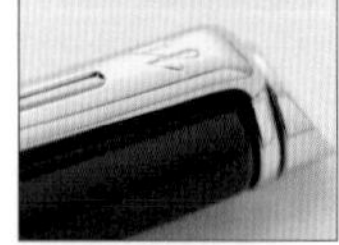

ブラックのボディとシルバーに刻印されたロゴやマークがよく映える。

Ballpoint Pen Spec

メーカー名	ウォーターマン（フランス）
商品名	メトロポリタン エッセンシャルブラックCT ボールペン
品番	S0920560
価格（税込）	11,000円
全長	135mm
直径	9mm（最大径Φ）
重量	28g
ノック方式	ツイスト式
インク名（リフィル規格）	ボールペン替芯ブラックF

ペン上部をゆっくりとひねるとペン先が出てくる回転繰り出し式。

世界のビジネスシーンの定番

総評

“パリの洗練をあなたの指先に。”と紹介されるメトロポリタン。黒と銀の正統派王道デザイン。メトロポリタンはエキスパート（P.096）より細身でシンプルなボディで、老若男女誰もが握りやすい。スーツの胸ポケットにさすとクリップのセンターの穴から生地が覗き、コーディネートの一部に。
ペン上部は居合斬りを受けた竹のようなシャープなフォルム。デザイン・品質ともに信頼できるメトロポリタンは、世界中のビジネスパーソンに選ばれている。

1	取り回しの軽快さ ★★★☆☆	コンパクトボディではあるが、重みがあり、重心も比較的高めなので、軽快さは普通。
2	グリップの握りやすさ ★★★☆☆	エキスパートより滑りにくい印象。細めなので太軸が好きな人には合わないかも。
3	全体の剛性感 ★★★★☆	重厚感のある書き心地。超ガッチリとまではいかないが、エキスパートと似たしっとり感がある。
4	ペン先のガタつき ★★★★☆	ガタつきは小さいほうで、普段使いで気になることはほとんどない。
5	内部振動 ★★★★★	回転繰り出し式ということもあり、内部振動は皆無。一体感を感じて筆記することができる。
6	インクの滑らかさ ★★★☆☆	ヌラヌラとした油性っぽい適度な滑らかさがある。
7	インクの発色 ★★★☆☆	普通。黒インクは灰色っぽい色味になっている。
8	インクの掠れにくさ ★★★☆☆	掠れやすさに関しては普通。たまに掠れることがある。
9	インクの速乾性 ★★★★★	書いた直後に擦ってもほとんど伸びなかった。
10	裏移りのしにくさ ★★★★★	ほとんど裏移りしなかった。
11	ノック感・回し心地 ★★☆☆☆	リフィルをしまう時に初動が少し引っかかる感じがあった。もう少し滑らかな感じだったらよかった。
12	ペン先の視界 ★★★★☆	口金が細くなっており、視界は良好。

まとめ

スリムなため持ち運びに特化。
重た過ぎないため、
エキスパートよりも動かしやすい。

040

エス・テー・デュポン

デフィ ミレニアム

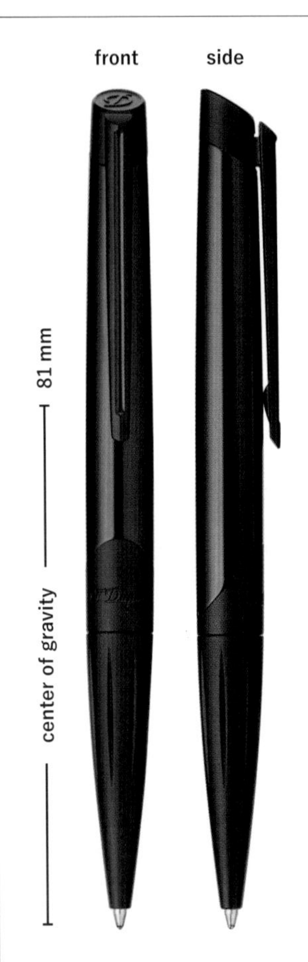

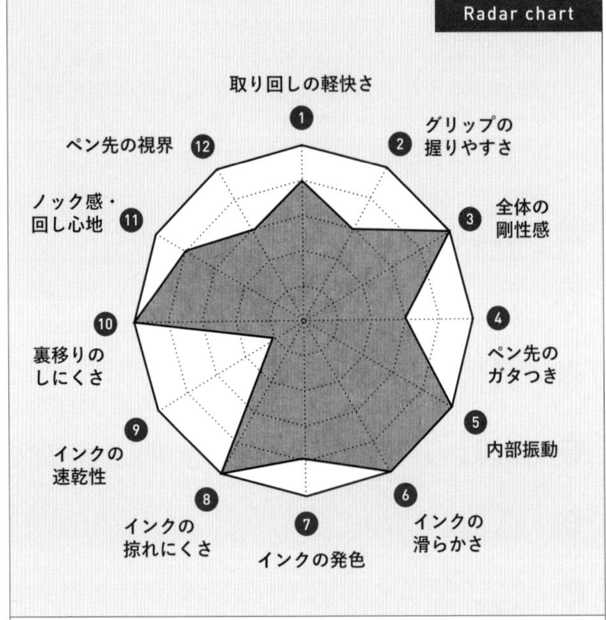

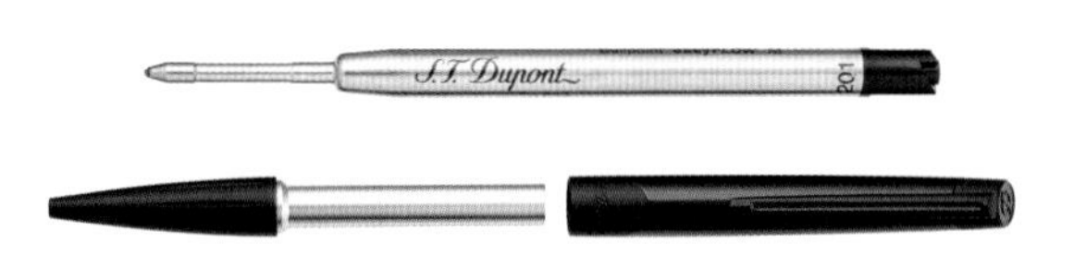

エス・テー・デュポンオリジナルリフィルのイージーフロータイプ M ブラックを搭載。リフィルは汎用性の高い G2 規格。

オールブラックのボディに溶け込むように、ブランドのロゴもマークもブラックで統一。

Ballpoint Pen Spec

メーカー名	エス・テー・デュポン（フランス）
商品名	デフィ ミレニアム ボールペン
品番	405003 シャイニー ブラック ラッカー ／ マット ブラック PVD
価格（税込）	48,400 円
全長	140mm
直径	11.5mm
重量	約 37g
ノック方式	ツイスト式
インク名（リフィル規格）	イージーフロー ブラック（パーカータイプ）

クリップのサイドには“MADE IN FRANCE”の文字が。

魔力が潜む高級ボールペン

総評

エス・テー・デュポンは、フランスのライターや筆記具を展開する高級ブランド。デフィはフランス語で「挑戦」を意味する。デザイン、素材、インクのすべてにおいて快適な書き心地を追求したペンとなっている。デザインは随所にこだわりを感じ、可動式クリップなのも高評価。よくある海外の油性インクかと思っていたら、びっくりするほど滑らかなインクで度肝を抜かれた。ボディの重さを感じさせないほど軽やかに筆記できる。made in France の矜持を感じさせる。

No.	項目	コメント
1	取り回しの軽快さ ★★★★☆	重量級のボディだが、重心バランスがよく、インクの滑らかさも相まって、思いの外軽快に筆記ができる。
2	グリップの握りやすさ ★★★☆☆	普通。グリップがツルツルしており、やや滑りやすい。また、クリップが長いので指に干渉しやすい。
3	全体の剛性感 ★★★★★	重厚なボディであるため、剛性感を感じる。
4	ペン先のガタつき ★★★☆☆	ややガタつく。書いている時にカチャカチャ音が鳴る時があった。
5	内部振動 ★★★★★	回転繰り出し式ということもあり、内部振動は皆無。
6	インクの滑らかさ ★★★★★	油性にも関わらず、この滑らかさには驚いた。ペンがひとりで進むような感覚を得られる。
7	インクの発色 ★★★★☆	油性の中では濃いほう。黒インクは茶色っぽい色味になっている。
8	インクの掠れにくさ ★★★★★	油性インクでここまで擦れにくいのはなかなかない。
9	インクの速乾性 ★☆☆☆☆	インクのフローがいい分、油性インクが乾くのに時間がかかり、線が伸びやすかった。
10	裏移りのしにくさ ★★★★★	ほとんど裏移りしなかった。
11	ノック感・回し心地 ★★★★☆	ヌルッとした回し心地。少しひねると回転するのは嬉しい。欲をいうと、もう少し重厚感が欲しい。
12	ペン先の視界 ★★★☆☆	平均的である。

まとめ

インクのよさに驚いた。
たくさん文字を書く場面で活躍するだろう。

041

オロビアンコ

ラ・スクリヴェリア

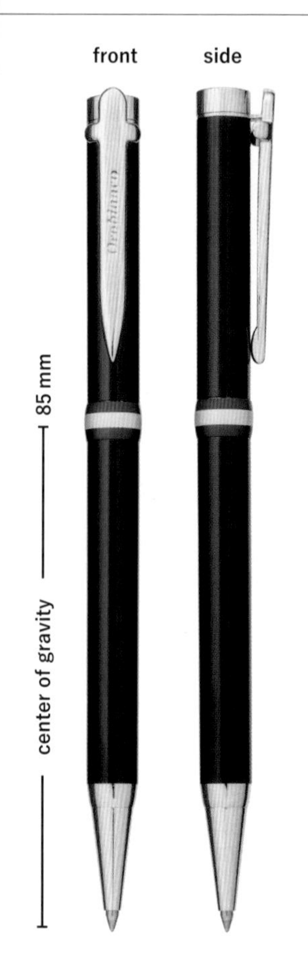

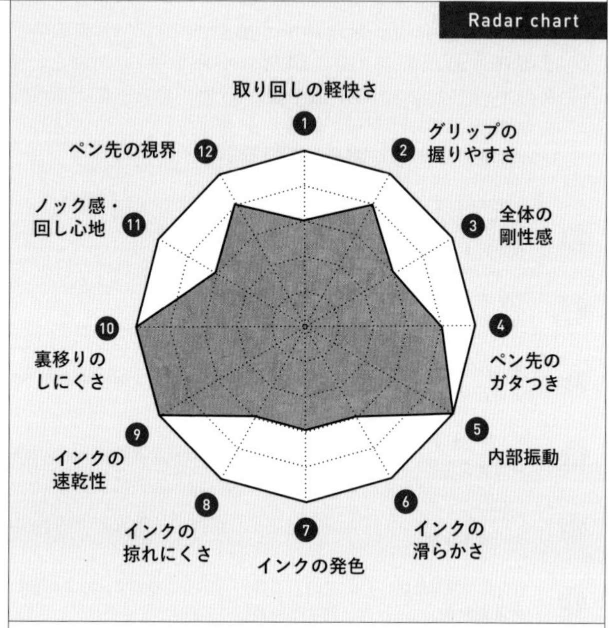

オルビアンコのオリジナルリフィルを使用。
リフィルは汎用性の高い G2 規格。

イタリアの国旗カラーがリング状にデザインされているのがなんともおしゃれ。

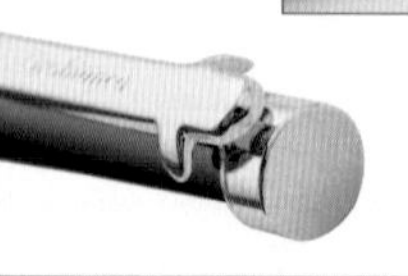

Ballpoint Pen Spec

メーカー名	オロビアンコ（イタリア）※製造は日本
商品名	ラ・スクリヴェリア　ブラック GT　ボールペン
品番	1953001
価格（税込）	5,500 円
全長	137mm
直径	8mm
重量	25 g
ノック方式	回転繰り出し式
インク名（リフィル規格）	ボールペン替芯黒 F（G2 規格）

クリップにはオロビアンコのロゴが刻印され重厚感を演出。

イタリアの洗練された佇まいを体現

総評

商品名“ラ・スクリヴェリア”とは“心地よく書ける”という意味が込められた、オロビアンコの創始者による造語である。ブラックの艶のあるボディが金色のペン先と天冠に挟まれている。天冠と一体となったクリップには“Orobianco”のロゴが刻印されており、正面から見ると十字架のようなデザイン。ラ・スクリヴェリアのデザインで最も特徴的なのはイタリアン・トリコロールの装飾リングであろう。ひと目でイタリアのブランドであるとわかる。イタリアの洗練された雰囲気を味わうことができる。

1	取り回しの軽快さ ★★★☆☆	軽快さは普通。見た目のわりに軽く感じるが、重心が高いのが気になった。
2	グリップの握りやすさ ★★★★☆	リングの部分は膨らみすぎず、握ってて気になるところはなかった。ツルツルのラッカーグリップなので人によっては滑りやすいかも。
3	全体の剛性感 ★★★☆☆	アルミのボディであるため剛性はそこまで高くない。金属製リフィルを使っているため、硬めな書き心地である。
4	ペン先のガタつき ★★★★☆	ガタつきは小さいほうで、普段使いで気になることはほとんどない。
5	内部振動 ★★★★★	回転繰り出し式ということもあり、内部振動は皆無。一体感を感じて筆記することができる。
6	インクの滑らかさ ★★★☆☆	ヌラヌラとした油性っぽい適度な滑らかさがある。
7	インクの発色 ★★★☆☆	普通。黒インクは灰色っぽい色味。
8	インクの掠れにくさ ★★★☆☆	普通。たまに掠れることがあるが、許容範囲内。
9	インクの速乾性 ★★★★★	書いた直後に擦ってもほとんど伸びなかった。
10	裏移りのしにくさ ★★★★★	ほとんど裏移りしなかった。
11	ノック感・回し心地 ★★★☆☆	普通。特に重厚感はないものの、不快感も特にない。少しひねると勝手に戻ってくれるのも高評価。
12	ペン先の視界 ★★★★☆	口金が細くなっており、視界は良好。

まとめ

ずば抜けた部分はなかったが、いい意味で癖がなく使いやすいボールペン。

042

カヴェコ

スペシャル ボールペンブラック

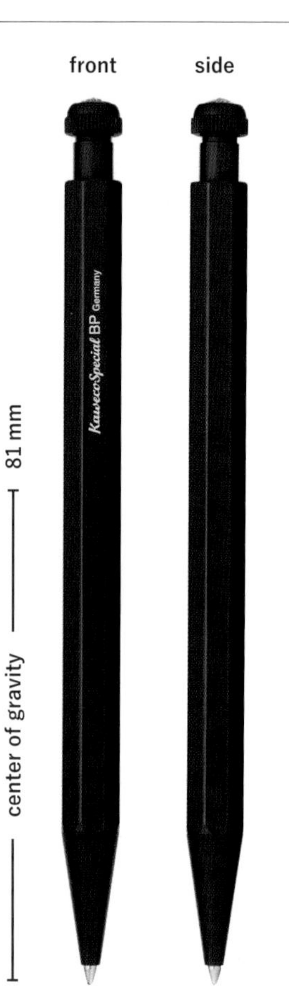

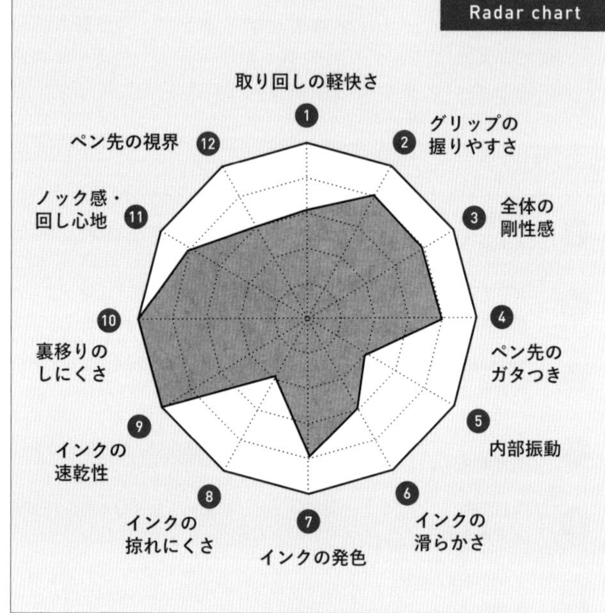

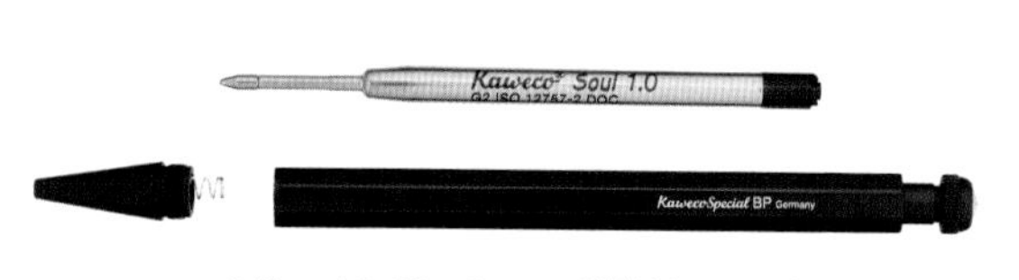

カヴェコオリジナルリフィルが搭載されているが、互換性の高いG2規格なのもポイントが高い。

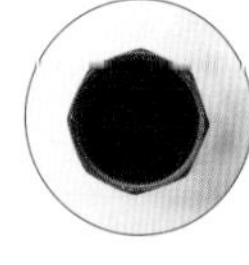

存在感のある六角形のボディに、モノづくり大国の誇りを表すドイツ製とわかる刻印。

Ballpoint Pen Spec

メーカー名	カヴェコ（ドイツ）
商品名	スペシャル　ボールペンブラック
品番	KAWECO-PS-BP
価格（税込）	7,480円
全長	140mm
直径	10mm
重量	21g
ノック方式	ノック式
インク名（リフィル規格）	替芯（G2）　ボールペン（G2規格）

ノック部分の天冠にはカヴェコのマーク。丸みのある形状も心踊る。

カヴェコらしいコツコツ感

総評

コツコツとした心地のいい書き味。実用性が高く、日常的に使えるボールペン。クリップはついておらず、筆記を邪魔しない。ボディは八角形の直線的な形状。見た目は艶やかだがグリップ感は低くなく、握りやすい。ボディにはシンプルに一行“Kaweco Special BP Germany“と刻印されている。口金、軸はブラックでノック部分の上部のみシルバー。横から見ると、ペン先とロゴがひと際目を引くボールペンだ。

1	取り回しの軽快さ ★★★☆☆	カヴェコスペシャル ペンシル（シャープペンシル）は星５つの軽快さだが、ボールペンはやや重たく高重心なため、軽快さはあまりない。
2	グリップの握りやすさ ★★★★☆	六角形のちょうどいい太さのボディは握りやすい。ただ人によっては滑りやすいかも。
3	全体の剛性感 ★★★★☆	アルミ素材のボディで頑丈な作り。金属リフィルなので硬めな書き心地。
4	ペン先のガタつき ★★★★☆	若干ガタつきはあるものの普段使いで気になることはほとんどない。
5	内部振動 ★★☆☆☆	書いている時に内部から振動を感じる時がある。
6	インクの滑らかさ ★★★☆☆	ヌラヌラとした油性っぽい適度な滑らかさがある。
7	インクの発色 ★★★★☆	発色はいいほう。
8	インクの掠れにくさ ★★☆☆☆	文字の１画目が掠れやすかった。乾き気味なインクという印象である。
9	インクの速乾性 ★★★★★	書いた直後に擦ってもほとんど伸びなかった。
10	裏移りのしにくさ ★★★★★	裏移りはほとんどしなかった。
11	ノック感・回し心地 ★★★★☆	押しごたえのあるノック感である。ノック音がやや大きい。
12	ペン先の視界 ★★★☆☆	平均的である。

カヴェコスペシャル ペンシルほどの取り回しの軽快さはないものの、普段使いで活躍するボールペン。

こちらも CHECK

043

カランダッシュ

849

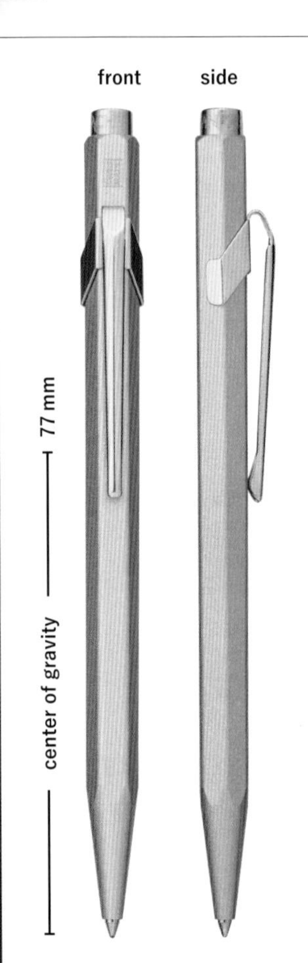

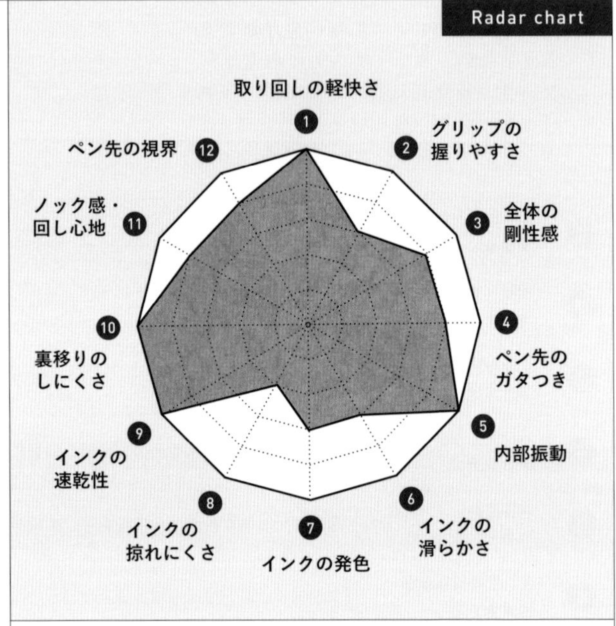

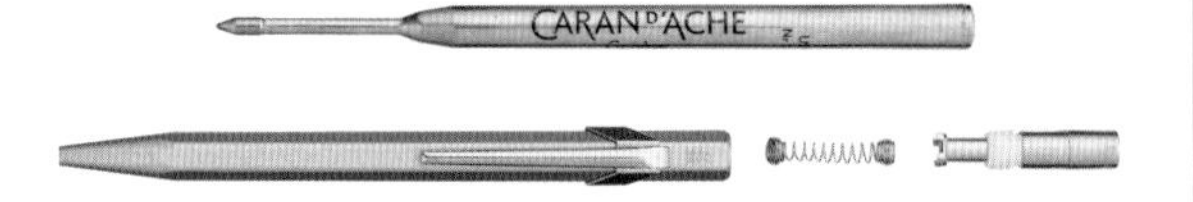

ゴリアットカートリッジと呼ばれるオリジナルの油性リフィルを搭載。
リフィルは独自規格のため、他ブランドとの互換性はない。

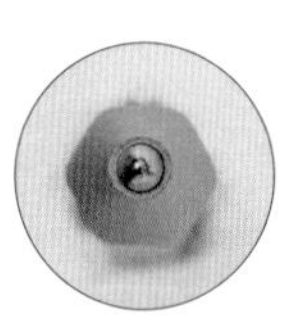

アルミニウム製の六角形のボディは握りやすく、机の上などで転がりにくい。

Ballpoint Pen Spec

メーカー名	カランダッシュ（スイス）
商品名	849　ブリュットロゼ
品番	NF0849-997
価格（税込）	7,150 円
全長	130mm
直径	8.9mm
重量	15g
ノック方式	ノック式
インク名（リフィル規格）	ゴリアットカートリッジ

その名の通りロゼシャンパンのような輝きを放つクリップ。

取り回しが非常にいい “SWISS MADE” の万能ボールペン

総評

高級腕時計の本場スイス唯一の高級筆記具ブランド・カランダッシュ。高品質で美しいモノづくりが魅力の同ブランドで、「オフィスライン」といわれるお手頃なモデルの代表が、鉛筆工場からスタートしたルーツを受け継ぐ“849”である。人間工学でベストとされる長さまで削った少し短いボディのため、手帳に挟んで持ち運びたくなるのも魅力。ボディはアルミ製のため軽量で書きやすい。8kmの筆記距離を誇る大容量リフィルを装備し、インク切れの心配を考えず普段使いで活躍するボールペンだ。

1	取り回しの軽快さ ★★★★★	フルメタルボディにも関わらず15gと軽量で、流れるようにスイスイ筆記ができる。スイスだけに。
2	グリップの握りやすさ ★★★☆☆	触り心地はサラサラしており、滑りにくいとはいえないが、特に気にならなかった。細身で、クリップが指に当たりやすい位置にあるため要注意。
3	全体の剛性感 ★★★★☆	ボディと口金が一体化した構造で、かつフルアルミボディのため、ボディ自体は存在感がある。真鍮ボディと比べるとしっとり感は感じにくい。
4	ペン先のガタつき ★★★★☆	ややガタつきはあるが、ボールペンの中では小さく抑えられている。
5	内部振動 ★★★★★	カランダッシュのボールペンに総じていえることだが、ノック式のボールペンとは思えないほど内部振動が少なく抑えられている。
6	インクの滑らかさ ★★★☆☆	適度な滑らかさ。
7	インクの発色 ★★★☆☆	消せないインクにしては薄く感じた。灰色っぽい色味をしている。
8	インクの掠れにくさ ★★☆☆☆	寝かせて書くと掠れやすいので、寝かせ気味に書く人は注意が必要。立て気味で書く人は普通くらい。
9	インクの速乾性 ★★★★★	書いた直後に擦ってもほとんど伸びなかった。
10	裏移りのしにくさ ★★★★★	裏移りはほとんどしなかった。
11	ノック感・回し心地 ★★★★☆	ノック式とは思えない静かなノック音で、外でも使いやすい。カランダッシュの上位モデルと比べるとノック感の滑らかさは欠ける印象。
12	ペン先の視界 ★★★★☆	ペン先の口金は細くなっており、視界は良好。

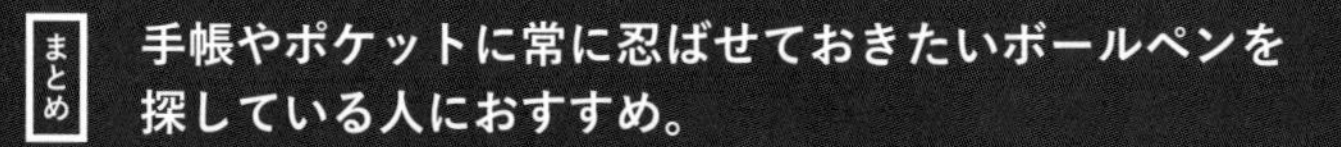

こちらも CHECK

044

カランダッシュ

エクリドール

front　side

center of gravity — 70mm

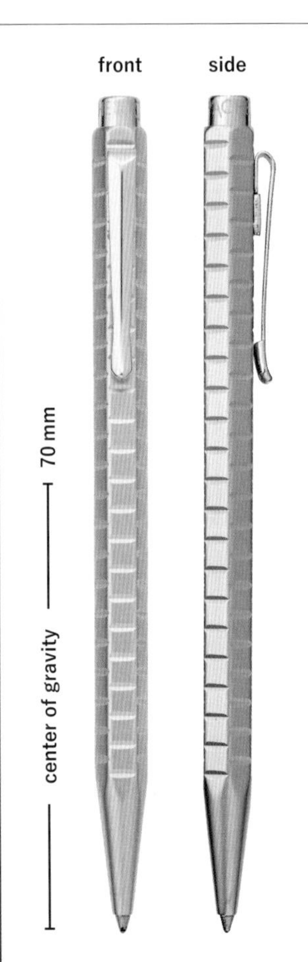

Radar chart

取り回しの軽快さ ①
グリップの握りやすさ ②
全体の剛性感 ③
ペン先のガタつき ④
内部振動 ⑤
インクの滑らかさ ⑥
インクの発色 ⑦
インクの掠れにくさ ⑧
インクの速乾性 ⑨
裏移りのしにくさ ⑩
ノック感・回し心地 ⑪
ペン先の視界 ⑫

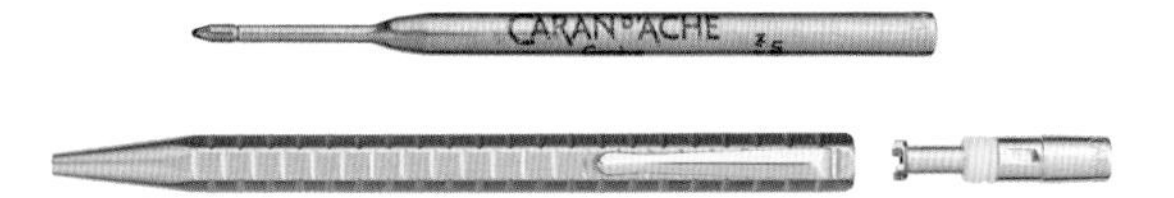

リフィルはノック部分を取り外すようにして上部から差し込む。
リフィルは独自規格のため、他ブランドとの互換性はない。

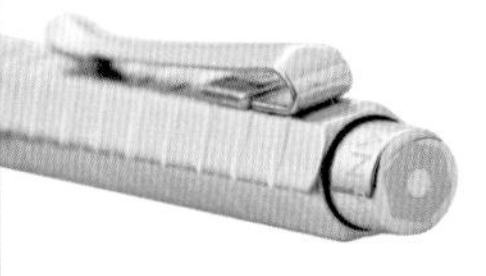

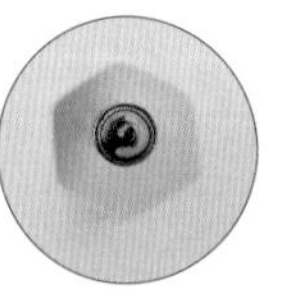

天冠部にはカランダッシュならではの六角形を表すデザインが施されている。

Ballpoint Pen Spec

メーカー名	カランダッシュ（スイス）
商品名	エクリドール　アベニュー
品番	0890-407
価格（税込）	29,700円
全長	128mm
直径	8mm
重量	22.5g
ノック方式	ノック式
インク名（リフィル規格）	ゴリアットカートリッジ

ジュネーブの石畳を思わせるボディ模様。マット加工でさらに上質さを醸し出す。

ジュネーブの街の落ち着きを感じる

総評

エクリドールにはさまざまな模様があるが、掲載は“アベニュー”と呼ばれる種類。アベニューのデザインはカランダッシュが本社を置くスイス・ジュネーブの石畳から着想を得たという。正方形の石畳のような形に溝が掘られており、ボディから口金まで継ぎ目がなくひとつの部品でボディが形成されている。クリップとノック部分は艶のある仕上げ。ノック部側面には“CARAN D' ACHE SWISS MADE”と上品に印字されている。ノック感は爽やかで、高級ながら使いやすさにも定評がある。

	項目	評価
1	取り回しの軽快さ ★★★★☆	重たいがショートボディのため、取り回しは良好。普段使いでも活躍する。
2	グリップの握りやすさ ★★★☆☆	触り心地はスベスベしているが、握ってて滑ることはなかった。細いボディであり、クリップが指に当たらないように注意が必要。
3	全体の剛性感 ★★★★★	849（P.106）ではアルミだったが、エクリドールは真鍮を使っているため、しっとりとした格式を感じる書き心地である。
4	ペン先のガタつき ★★★★★	ほとんど感じなかった。さすがエクリドール。
5	内部振動 ★★★★★	カランダッシュのボールペンらしく、ノック式のボールペンとは思えないほど内部振動が少なく抑えられている。
6	インクの滑らかさ ★★★☆☆	適度な滑らかさ。
7	インクの発色 ★★★☆☆	消せないインクにしては薄く感じた。灰色っぽい色味をしている。
8	インクの掠れにくさ ★★☆☆☆	寝かせて書くと掠れやすい。立て気味で書く人は普通くらいの掠れやすさ。
9	インクの速乾性 ★★★★★	書いた直後に擦ってもほとんど伸びなかった。
10	裏移りのしにくさ ★★★★★	裏移りはほとんどしなかった。
11	ノック感・回し心地 ★★★★★	静かなノック音で、外でも気兼ねなく使える。上位モデルはより滑らかな印象で、気もちがいい。
12	ペン先の視界 ★★★★☆	ペン先の口金は細くなっており、視界は良好。

まとめ

ショートボディの高級ボールペン。
849より重たいが、極上の筆記体験を味わえる。

こちらも CHECK

045

カランダッシュ

バリアス

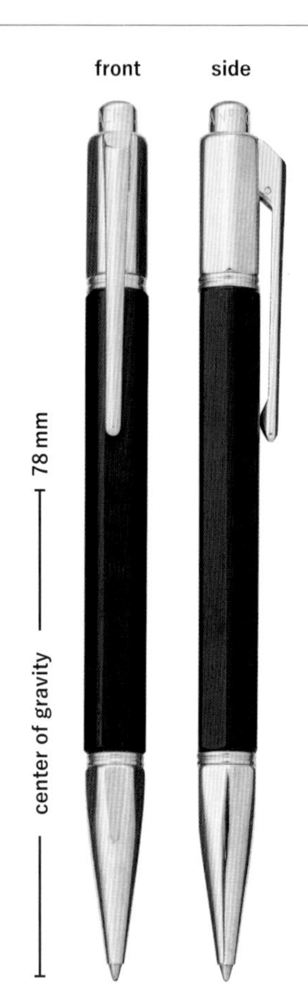

ノック部分に施されたカランダッシュの刻印がスペシャル感を演出。

Radar chart

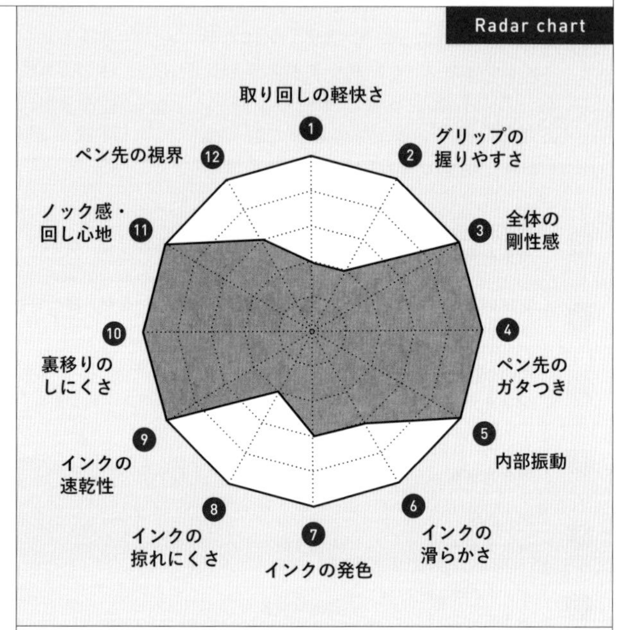

リフィルは上部から差し込む方式。スプリングも内蔵されている。
リフィルは独自規格のため、他ブランドとの互換性はない。

Ballpoint Pen Spec

メーカー名	カランダッシュ　（スイス）
商品名	バリアス エボニー ローズゴールド ボールペン
品番	4480-142
価格（税込）	121,000円
全長	135mm
直径	97mm
重量	38g
ノック方式	ノックボタン式
インク名（リフィル規格）	ゴリアットカートリッジ

ローズゴールドコーティングの気品が木軸と絶妙にマッチする。

究極の木軸ペン

総評

カランダッシュのアイコンともいえる最高峰コレクション・バリアス。光沢感と重量感のあるエボニー（黒檀）を用いた究極の木軸ペンであり、圧倒的な風格が感じられる。
ローズゴールドの鏡面仕上げが目を引く。天冠にはカランダッシュのシンボルの六角形が埋め込まれ、ノック部側面にはそのシンボルを囲むように“CARAN D'ACHE”と刻まれている。木軸の温もりある手触りを感じながら、モダンで洗練されたデザインを楽しむことができる。

	項目	評価
1	取り回しの軽快さ ★★☆☆☆	重たく高重心なので、軽快さはあまりない。署名などの少ない量を筆記するのがいいだろう。
2	グリップの握りやすさ ★★☆☆☆	口金が長く、木の部分で握るのか、口金で握るのか、迷ってしまう。
3	全体の剛性感 ★★★★★	ずっしりとしたボディであり、剛性感は最高。しっとりとした書き心地を楽しめる。
4	ペン先のガタつき ★★★★★	ほとんどガタつかない。極上の書き心地を味わえる。
5	内部振動 ★★★★★	さすがのカランダッシュ。ノック式なのに内部振動はほとんどない。
6	インクの滑らかさ ★★★☆☆	適度な滑らかさ。
7	インクの発色 ★★★☆☆	消せないインクにしては薄く感じた。灰色っぽい色味をしている。
8	インクの掠れにくさ ★★☆☆☆	寝かせて書くと掠れやすく、立て気味で書く人は普通くらいだろう。
9	インクの速乾性 ★★★★★	書いた直後に擦ってもほとんど伸びなかった。
10	裏移りのしにくさ ★★★★★	裏移りはほとんどしなかった。
11	ノック感・回し心地 ★★★★★	静かなノック音。上位モデルはより滑らかな印象。
12	ペン先の視界 ★★★☆☆	平均的である。ローズゴールドの輝きが強すぎて目を奪われてしまう。

まとめ

最高峰の木軸ペン。あまり書きやすくはないが、使いたくなってしまう究極の自己満ボールペン。

こちらもCHECK

046

カランダッシュ

レマン

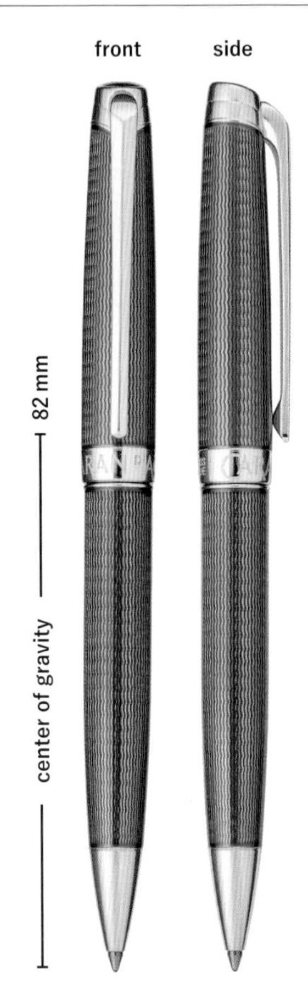

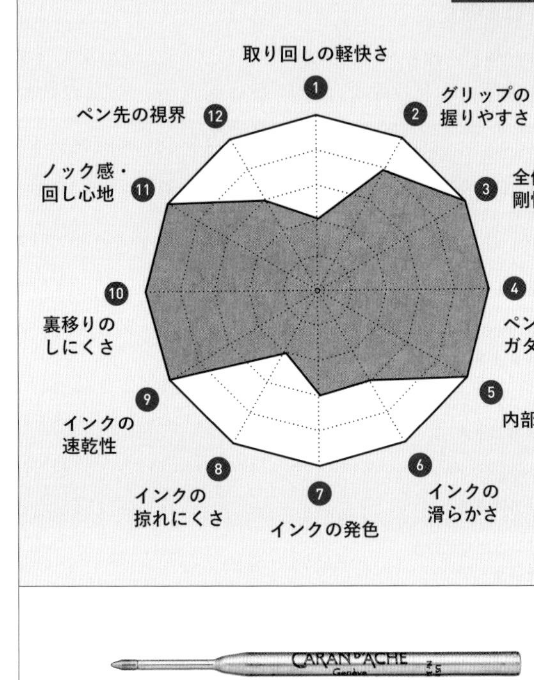

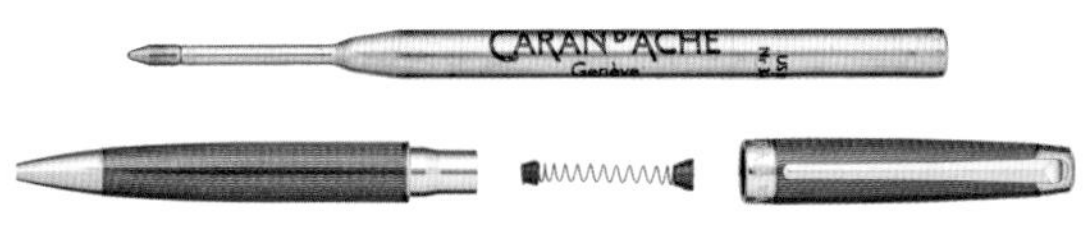

ノック式ではないが、スプリングが内蔵されたタイプ。
リフィルは独自規格のため、他ブランドとの互換性はない。

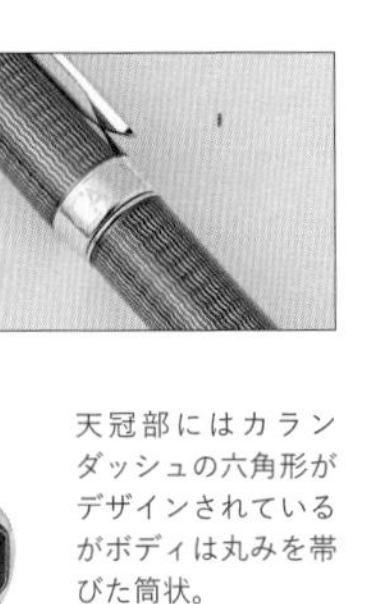

天冠部にはカランダッシュの六角形がデザインされているがボディは丸みを帯びた筒状。

Ballpoint Pen Spec

メーカー名	カランダッシュ（スイス）
商品名	レマン　グランブルー シルバープレート & ロジウムコート
品番	4789-168
価格（税込）	93,500 円
全長	136.2mm
直径	9.7mm
重量	48g
ノック方式	回転繰り出し式
インク名（リフィル規格）	ゴリアットカートリッジ

レマン湖の波の揺らぎを表現したグランブルーの鮮やかさが光るボディ。

息を呑む輝きを放つ、必見の高級品

総評

精緻を極めたレマンのデザインはスイスとフランスにまたがるレマン湖の波紋を表現しているという。
静かに波打つように輝くボディをツイストしてリフィルを繰り出す。シンプルな形状のクリップは可動式かつ長めの設計。落とす心配がなく、加えてジャケットに挟むと長めのクリップが存在感を放つ。
写真ではなく、ぜひ実物を一度見て欲しい。きっとその見た目に見惚れるだろう。

	項目	評価
1	取り回しの軽快さ ★★☆☆☆	重たく高重心なので、軽快さはあまりない。署名などの少ない文量におすすめ。
2	グリップの握りやすさ ★★★★☆	ちょうどいい太さで握りやすかった。強く握るとペンが勝手に回転してリフィルが収納されてしまうことがあるので、注意。
3	全体の剛性感 ★★★★★	“THE 高級ボールペン” という落ち着いた書き心地。作りのよさが伺える。
4	ペン先のガタつき ★★★★★	ガタつきは小さく、精度の高さを感じる。
5	内部振動 ★★★★★	回転繰り出し式ということもあり、内部振動は皆無。内部振動がないため邪魔されることなく筆記できる。
6	インクの滑らかさ ★★★☆☆	適度な滑らかさ。
7	インクの発色 ★★★☆☆	消せないインクにしては薄く感じた。灰色っぽい色味をしている。
8	インクの掠れにくさ ★★☆☆☆	寝かせて書くと掠れやすいが、立て気味で書く人は普通くらい。
9	インクの速乾性 ★★★★★	書いた直後に擦ってもほとんど伸びなかった。
10	裏移りのしにくさ ★★★★★	裏移りはほとんどしなかった。
11	ノック感・回し心地 ★★★★★	やさしい力でも回すことができ、気もちがいい。少しひねると勝手に戻ってくれる。
12	ペン先の視界 ★★★☆☆	平均的である。

まとめ

見た目と書き心地が強すぎる。
たくさん文字を書くのには向かないため、
短時間の筆記にとどめたほうがいいだろう。

047

グラビタスペン

Twist

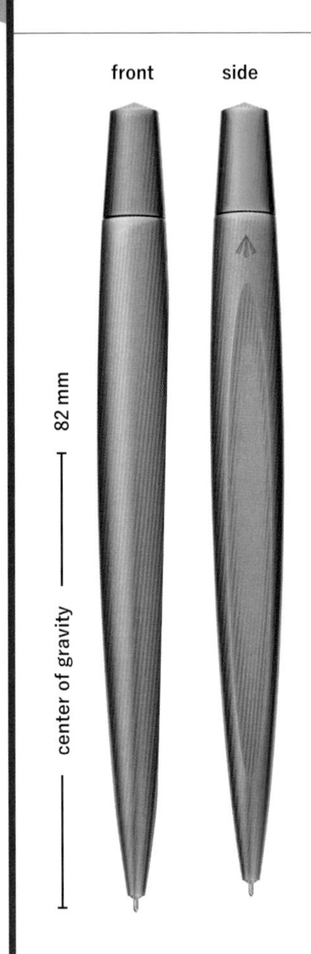

天冠部は独特の円すい形。この上部を指でつまむようにひねるとペン先が出てくる。

Radar chart

1 取り回しの軽快さ
2 グリップの握りやすさ
3 全体の剛性感
4 ペン先のガタつき
5 内部振動
6 インクの滑らかさ
7 インクの発色
8 インクの掠れにくさ
9 インクの速乾性
10 裏移りのしにくさ
11 ノック感・回し心地
12 ペン先の視界

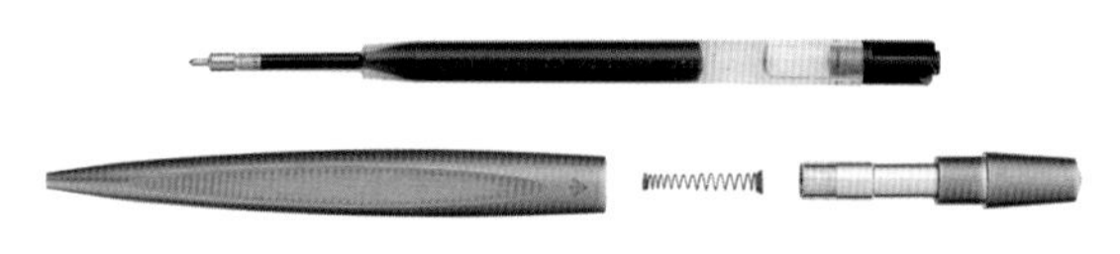

リフィルはシュミット P900 の油性インクが標準だが、購入時はなぜか水性インクで届いた。三菱鉛筆のジェットストリームなどと互換性のある G2 規格を採用している。

Ballpoint Pen Spec

メーカー名	グラビタスペン（アイルランド）
商品名	Twist-Skittle Matte
品番	–
価格（税込）	15,400 円
全長	141mm
直径	14.3mm
重量	82 g
ノック方式	回転繰り出し式
インク名（リフィル規格）	ブラック（シュミット P900）

レインボーカラーはさまざまな色合いが楽しめて、ピンク系面とグリーン系面では印象が異なる。

重力を感じるボールペン

総評

とにかく重たい。通常ボールペンは30g程度でも重たいといわれることが多いが、このボールペンは82g。比較にならないほど重たいが、ステンレスボディの圧倒的な重量感を楽しむことができる。デザインも斬新。窒化チタンレインボーコーティングが施された玉虫色のボディは、かなり派手で存在感がある。ボディは樽型で、側面に刀で切り落とされたかのようなフラットな面を持つ。この重量感ゆえ、素早さが求められる場面よりゆったり優雅に考えごとに耽るような、時間に追われていない場面が向いているだろう。

1	取り回しの軽快さ ★☆☆☆☆	このペンに軽快さを求めてはいけない。筋トレ感覚で筆記するのがいいだろう。
2	グリップの握りやすさ ★★★☆☆	平面部分がピッタリと指にハマればフィットする。ただ平面部分は彫りが深く、エッジも効いているため、違和感を覚える時もある。
3	全体の剛性感 ★★★★★	ボディ全体に肉厚なステンレスを使用しており、しっとりとした書き心地。樹脂リフィルだが、それを凌駕するボディ剛性を感じる。
4	ペン先のガタつき ★★★★★	ペン先のガタつきはほとんど感じなかった。
5	内部振動 ★★★★★	回転繰り出し式ということもあり、内部振動は皆無。一体感を感じて筆記することができる。
6	インクの滑らかさ ★★★★☆	サラサラとした書き心地。適度な滑らかさがあるため、きれいに文字を書きたいならちょうどいい。
7	インクの発色 ★★★★★	水性インクなだけあり、かなり黒い。
8	インクの掠れにくさ ★★★★★	インクのフローがよく、ほとんど掠れなかった。
9	インクの速乾性 ★★★★☆	書いた直後に擦ると線がぼやけることがあった。3秒ほど経過するとほぼ乾いていた。
10	裏移りのしにくさ ★★☆☆☆	裏移りは気になったので、裏移りしにくい紙で使ったほうがいい。
11	ノック感・回し心地 ★★★★☆	ツイストは気もちよかった。ペンの重さのわりにはやや軽い回し心地であった。少しひねると勝手に戻ってくれるのは嬉しい。
12	ペン先の視界 ★★★★☆	ニードルチップのペン先のため、視界は良好。ただ口金があまり細くないため、星4つ。

まとめ

とにかく重たく正直書きにくい。
所有欲に取り憑かれた「重量依存症」の人におすすめ。

こちらもCHECK

048

クロス

センチュリーII

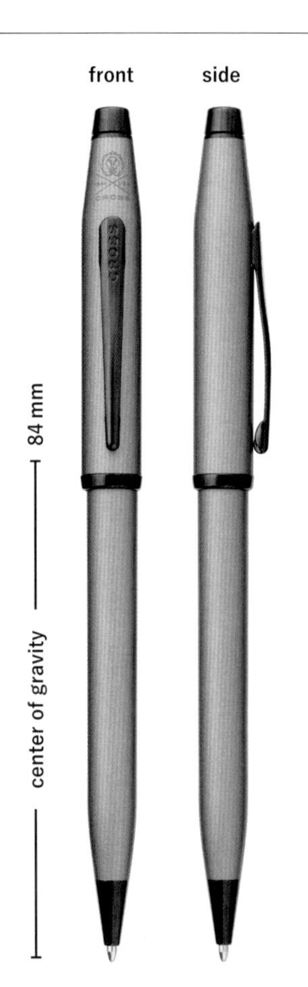

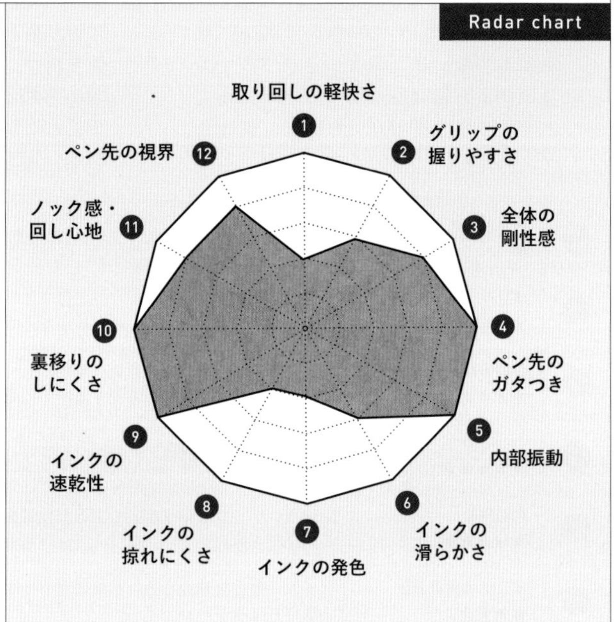

クロスタイプと呼ばれるオリジナルリフィルを搭載。油性インクで公的文書などに使いやすい。

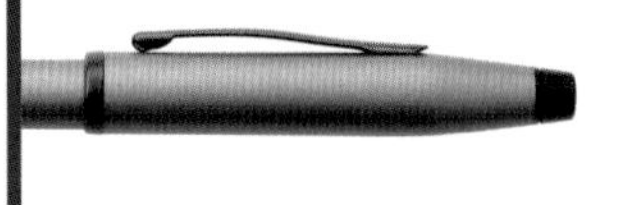

クリップの直線上にロゴマーク。胸ポケットにさした時のさり気ないアピールポイントにもなる。

Ballpoint Pen Spec

メーカー名	クロス（アメリカ）
商品名	センチュリーII
品番	NAT0082WG-115
価格（税込）	16,500円
全長	140mm（筆記時）
直径	10.6mm（最大径Φ）
重量	27.1g
ノック方式	繰り出し式
インク名（リフィル規格）	8513

細身でシャープなフォルムがクロスの特徴。上質なシンプルさはビジネスシーンでも活躍する。

アメリカの歴史を書き留めてきたボールペン

総評

クロスは1846年創業のアメリカの筆記具ブランド。ペリーが乗る黒船が下田へ来航する7年前の創業である。歴代のアメリカ大統領が愛用していることでも知られ、世界トップクラスの筆記具ブランドである。このセンチュリーは1946年の創業100周年記念で発表されたシリーズであり、クロスの中でもスタンダードな商品である。クリップには“CROSS”と刻印されている。
ペン上部は円錐形に狭まり、ブランドロゴが印字されている。歴史を知ることでより愛着が湧いてくるだろう。

1	取り回しの軽快さ ★★☆☆☆	ずっしりボディであり、軽快さはイマイチ。
2	グリップの握りやすさ ★★★☆☆	普通。個人的には少し細く感じた。グリップ上部に段差があるため、握る時に違和感を感じる。
3	全体の剛性感 ★★★★☆	フルメタルボディということでガッチリとしたボディの作りだが、上には上がある。
4	ペン先のガタつき ★★★★★	ペン先のガタつきはほとんど感じなかった。
5	内部振動 ★★★★★	回転繰り出し式ということもあり、内部振動は皆無。一体感を感じて筆記することができる。
6	インクの滑らかさ ★★★☆☆	ヌラヌラとした油性っぽい適度な滑らかさがある。
7	インクの発色 ★★☆☆☆	インク自体、灰色っぽい色味で薄く、掠れも多いため、筆跡はかなり薄め。
8	インクの掠れにくさ ★★☆☆☆	文字の1画目が掠れやすかった。乾き気味なインクという印象である。
9	インクの速乾性 ★★★★★	書いた直後に擦ってもほとんど伸びなかった。
10	裏移りのしにくさ ★★★★★	乾き気味なインクであるためか、裏移りはほとんどしなかった。
11	ノック感・回し心地 ★★★★☆	軽い力で回せて実用性には十分だが、もう少し重厚感があったほうが個人的にはよかった。
12	ペン先の視界 ★★★★☆	口金が細くなっており、視界は良好。

まとめ
スラスラ書くのは不向き。
胸ポケットに忍ばせておきたいボールペン。

049

スティルフォーム

stilform ARC

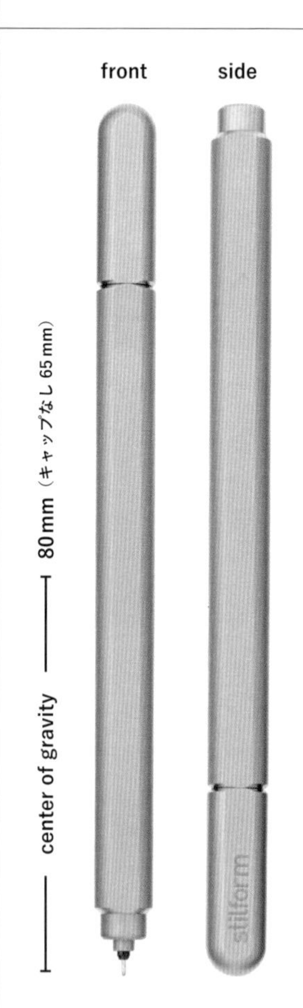

キャップにはさり気なくロゴマークが施され、繊細なペン先が顔を出す構造になっている。

Radar chart

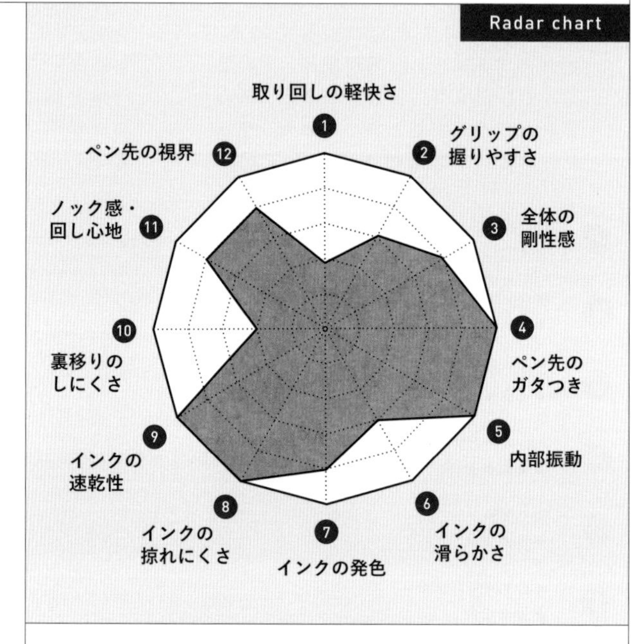

パイロット社のジュースアップリフィルがシンデレラフィット。
フリクションタイプのリフィルも使用可能。

Ballpoint Pen Spec

メーカー名	スティルフォーム（ドイツ）
商品名	stilform ARC チタンマット
品番	A532
価格（税込）	28,600 円
全長	142.5mm（キャップなし 122mm、キャップあり 149mm）
直径	10.5mm
重量	37g（キャップなし 30.2g、キャップあり 38.9g）
ノック方式	キャップ式
インク名（リフィル規格）	PILOT 製ジュースアップリフィル

内蔵されたマグネットによって開閉するキャップ。「カチッ」という音が心地いい。

磁石の特性を存分に利用したモダンペン

総評

stilformの筆記具といえばネオジム磁石入り、金属製、かつ超シンプルなデザイン。このARCのボディもフルチタンでスタイリッシュ。キャップ式だが垂直方向に引っ張っても磁力が強くキャップはなかなか取れない。しかしキャップを少しひねることで磁石が反発し、小さな力でもキャップを外すことができる。キャップを天冠につけることができるが、高重心になるため筆記時は外してデスクに置いておくほうが書きやすい。パイロットのジュースアップのリフィルが搭載され、書き心地にも妥協はない。

	項目	評価
1	取り回しの軽快さ ★★☆☆☆	フルチタンボディということで、重さを感じた。取り回しはあまり軽快ではない。
2	グリップの握りやすさ ★★★☆☆	滑りにくくグリップ力はある。ただ、スパッと平面に切られたボディなので、握る時に少し違和感がある。
3	全体の剛性感 ★★★★☆	ボディは剛性を感じるが、リフィルが樹脂製のため、やや柔らかい書き心地になっている。
4	ペン先のガタつき ★★★★★	ペン先のガタつきはほとんど感じなかった。
5	内部振動 ★★★★★	内部振動はほとんど感じなかった。一体感を感じる書き心地。
6	インクの滑らかさ ★★★☆☆	滑らかすぎないため、字が書きやすい。筆圧を加えると引っ掛かりが強くなる。
7	インクの発色 ★★★★☆	発色はいいほう。黒インクは、灰色っぽい色味であった。
8	インクの掠れにくさ ★★★★★	ほとんど掠れなかった。インクが途切れず供給される。
9	インクの速乾性 ★★★★★	書いた直後に擦ってもほとんど伸びなかった。
10	裏移りのしにくさ ★★☆☆☆	裏移りは気になったので、裏移りしにくい紙を使ったほうがいい。
11	ノック感・回し心地 ★★★★☆	ネオジム磁石による独特なクリック感はクセになる。開閉の時に金属のザラザラ感を少し感じた。
12	ペン先の視界 ★★★★☆	ニードルチップのペン先のため、視界は良好。ただ口金が結構太いため、星4つ。

まとめ

ロマンを追い求めた水性ボールペン。
ジュースアップリフィルが使えるのも最高。

こちらもCHECK

050

スティルフォーム

stilform PEN

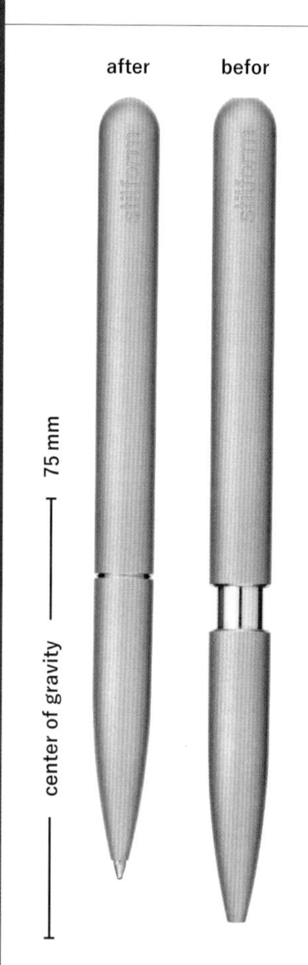

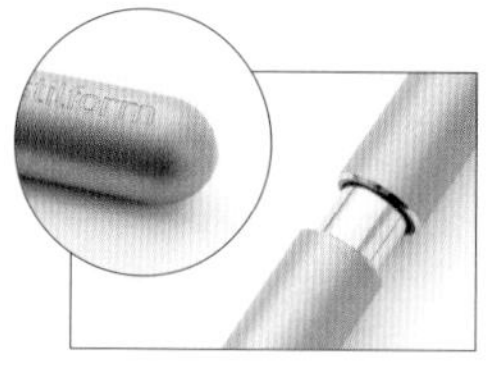

ペン先を繰り出す構造が独特。ロゴの入っているペン上部の頭をノックしてもペン先が出せ、ペン先に近い部分を手で引っ張ってもペン先が出る仕組み。

Radar chart

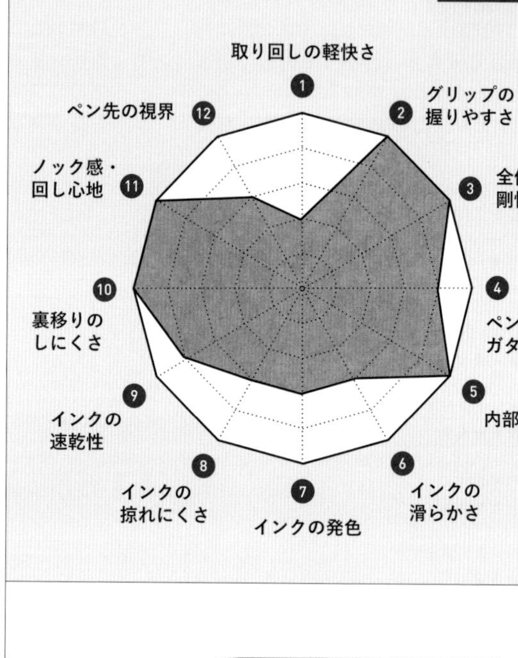

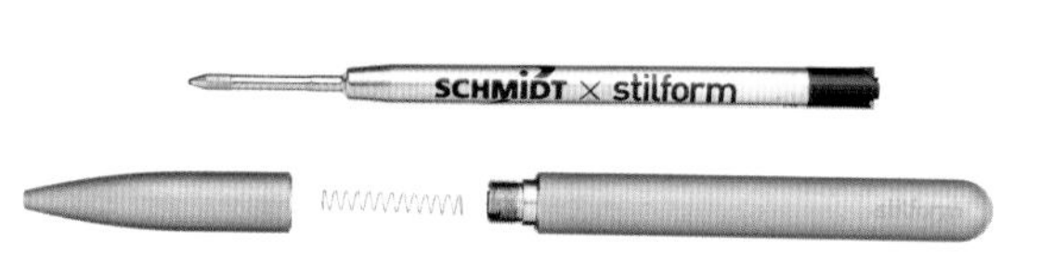

ペン先の出し入れで分かれる部分にリフィルを内蔵する。汎用性の高い G2 規格なのも嬉しい。

Ballpoint Pen Spec

メーカー名	スティルフォーム（ドイツ）
商品名	stilform PEN チタン
品番	stilformpen
価格（税込）	27,500 円
全長	137mm
直径	11mm
重量	アルミ 26g、チタン 40g、真鍮 55g
ノック方式	スライド式
インク名（リフィル規格）	SCHMIDT × stilform オリジナルリフィル 0.7mm（G2 規格）

金属の衝突を体感できる

総評

ネオジム磁石によるスライド式のボールペン。素材はアルミ・チタン・真鍮の3種から選べ、すべてのパーツが金属でできている（写真はチタン製）。芯を出す際の金属同士がぶつかり合う感触と音が心地よい。ボディにはクリップはおろか、キャップやノック部分すら存在しない。黄金比を取り入れた、“シンプルイズベスト”を体現したデザインは誰が見ても美しいと感じるだろう。

リフィルは互換性の高いG2規格。好みのリフィルに交換し、自分なりの書き心地を追求できる。

1	取り回しの軽快さ ★★☆☆☆	かなりの重量級で、重心の位置も低いとはいえない。書いている時にずっしりとした感覚がある。
2	グリップの握りやすさ ★★★★★	段差のないシームレスなボディで、クリップもないため、ストレスなく握ることができる。
3	全体の剛性感 ★★★★★	肉厚なフルチタンボディで、“THE 高級ボールペン”といった書き心地である。
4	ペン先のガタつき ★★★★☆	ガタつきは多少あるが、かなり小さく抑えられている。
5	内部振動 ★★★★★	内部振動は皆無と言ってもいい。金属の塊で書いてるような感覚に陥る。
6	インクの滑らかさ ★★★☆☆	ヌラヌラとした油性っぽい適度な滑らかさがある。
7	インクの発色 ★★★☆☆	普通。黒インクは茶色っぽい色味になっている
8	インクの掠れにくさ ★★★☆☆	掠れやすさに関しては、普通。1画目に掠れることがあるが、許容できる範囲。
9	インクの速乾性 ★★★★☆	書いた直後に擦ると線がぼやけることがあった。3秒ほど経過するとほぼ乾いていた。
10	裏移りのしにくさ ★★★★★	ほとんど裏移りしなかった。
11	ノック感・回し心地 ★★★★★	磁石を用いた他にはない独特なクリック感で癖になる。金属の重厚感も感じられて楽しい。
12	ペン先の視界 ★★★☆☆	平均的である。

完璧な剛性感でロマンを味わえる。Macbookを開きながら隣に置いておきたいボールペン。

こちらもCHECK

051

ステッドラー

ボールペン 限定モデル・オールブラック

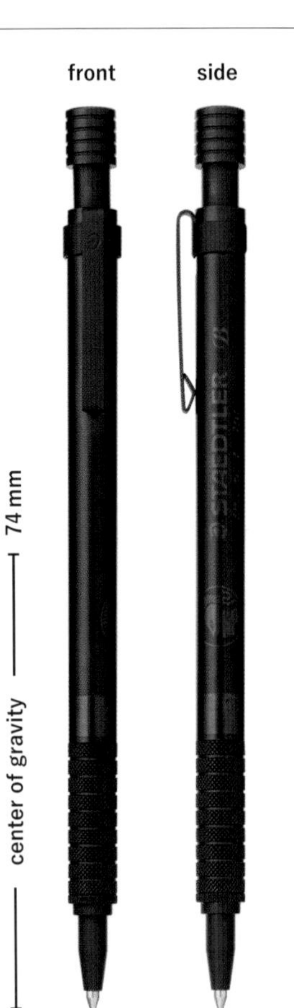

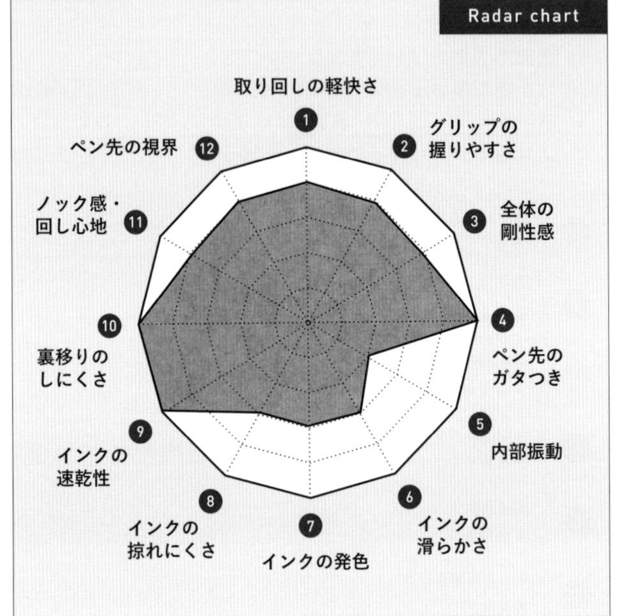

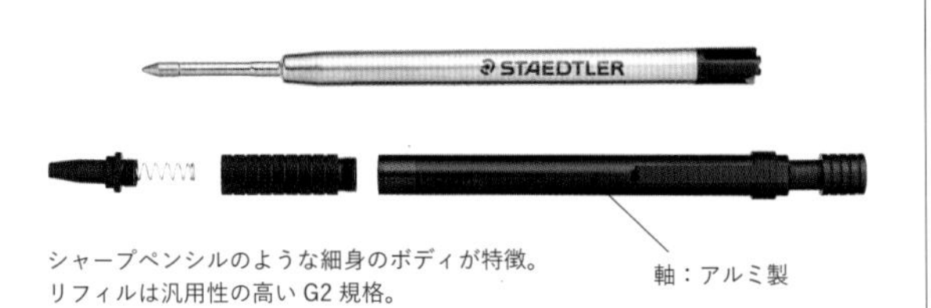

シャープペンシルのような細身のボディが特徴。リフィルは汎用性の高いG2規格。

軸：アルミ製

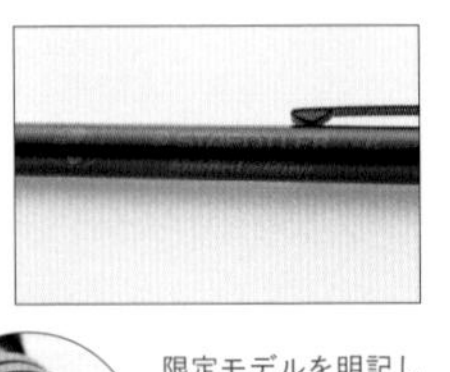

限定モデルを明記した特別なデザインのキャップ。ボディのマットな質感もたまらない。

Ballpoint Pen Spec

メーカー名	ステッドラー（ドイツ）
商品名	ボールペン　限定モデル・オールブラック
品番	425 25F9-1
価格（税込）	2,750円
全長	144mm
直径	9mm
重量	15.8g
ノック方式	ノック式
インク名（リフィル規格）	ブラック（F芯）

限定モデルだけに施された8本溝仕様ローレットでグリップ感もアップ。

強烈すぎるグリップ性能

総評

掲載は限定色のブラック。ローレット加工に8本のボーダーが入ったザラザラなグリップは、筆圧が強い人でも持ち手が滑ることがない。
ブラックのボディには1925年当時のロゴと“STAEDTLER B Limited edition”の文字がブラックで印字されているが、反射でようやく視認できるほど控えめな主張である。フルブラックのかっこよさに加え、書き味も申し分ない。通常品（商品名：シルバーシリーズ ノック式ボールペン）は現在も販売されており、是非手に入れて欲しい1本だ。

	項目	評価
1	取り回しの軽快さ ★★★★☆	軽量ボディと吸いつくローレットグリップのおかげで、製図用シャープペンシルで書くようなフィーリング。素早い筆記が可能だ。
2	グリップの握りやすさ ★★★★☆	きめ細かいローレットグリップなのでグリップ力抜群。長時間使うと指がチクチクすることがある。
3	全体の剛性感 ★★★★☆	フルアルミボディということで剛性感のある書き心地。軽量だがよくできた作りだ。
4	ペン先のガタつき ★★★★★	ペン先のガタつきはほとんど感じなかった。
5	内部振動 ★★☆☆☆	書いている時に キャップの部分から振動を感じる。それによって書き心地が安っぽくなってしまっており、残念。
6	インクの滑らかさ ★★★☆☆	ヌラヌラとした油性っぽい適度な滑らかさがある。
7	インクの発色 ★★★☆☆	普通。黒インクは紫っぽい色味になっている。
8	インクの掠れにくさ ★★★☆☆	掠れやすさに関しては、普通。1画目に掠れることがある。
9	インクの速乾性 ★★★★★	書いた直後に擦ってもほとんど伸びなかった。
10	裏移りのしにくさ ★★★★★	裏移りはほとんどしなかった。
11	ノック感・回し心地 ★★★★☆	押しごたえのあるノック感である。反発は強すぎずちょうどいい。ただノック音が大きく、少し摩擦を感じた。
12	ペン先の視界 ★★★★☆	ペン先の口金は細くなっており、視界は良好。

製図用シャープペンシルのような使い心地。
ローレットが強すぎるため、
長時間筆記だと指が痛くなる可能性があるので注意。

こちらもCHECK

052

ステッドラー

TRX

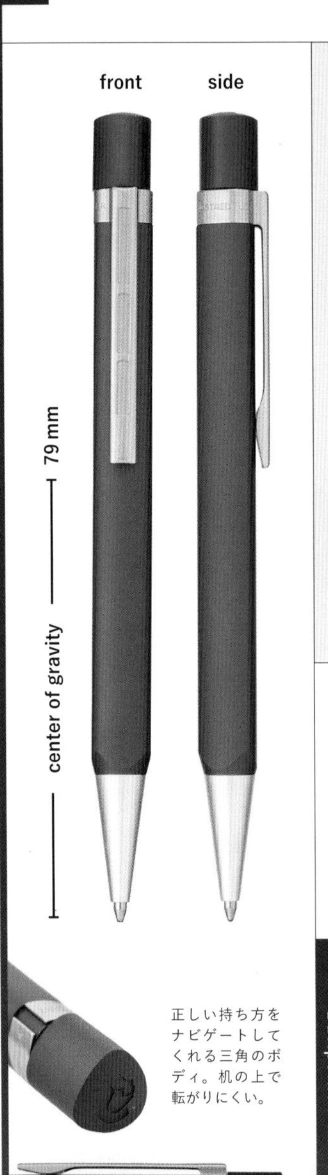

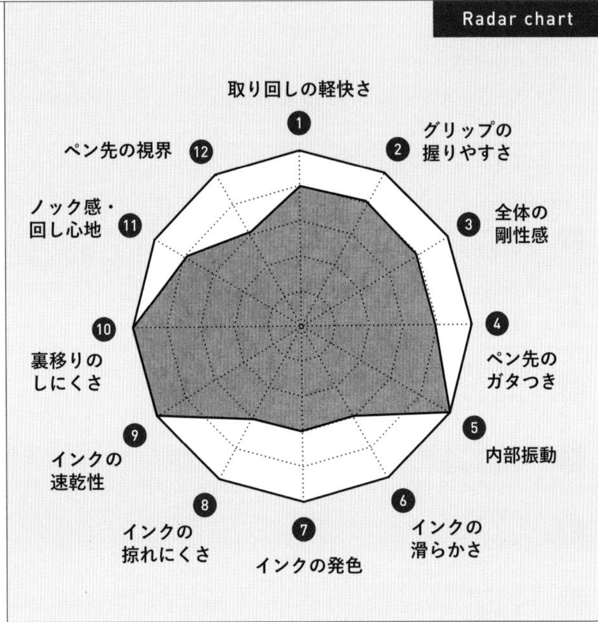

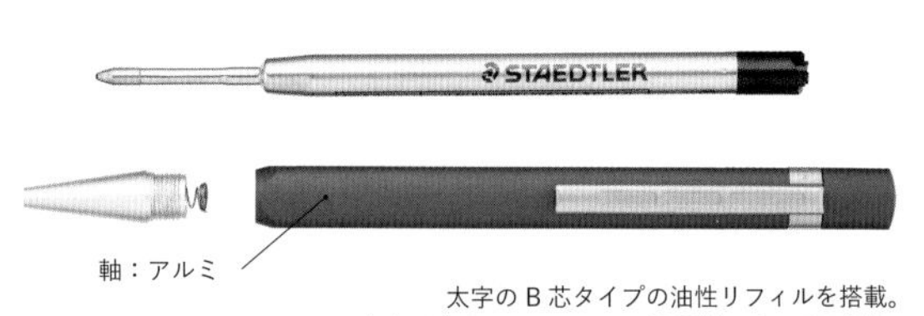

軸：アルミ

太字のB芯タイプの油性リフィルを搭載。はっきりとした文字が書ける。リフィルは汎用性の高いG2規格。

正しい持ち方をナビゲートしてくれる三角のボディ。机の上で転がりにくい。

Ballpoint Pen Spec

メーカー名	ステッドラー（ドイツ）
商品名	TRX 油性ボールペン ブルー
品番	440TRX3B-9
価格（税込）	5,500円
全長	136mm
直径	11mm
重量	20.9g
ノック方式	ツイスト式
インク名（リフィル規格）	ブラック（B芯）

クリップにはステッドラーの高級ライン、イニティウムクリップを採用。

高い握りやすさを実現

総評

ステッドラーは世界26カ国に子会社を持つドイツの巨大文具メーカー。ローマ神話の戦と農耕の神マルスの頭部をモチーフにした“マルスヘッド”をトレードマークとしている。
TRXは緩やかな三角形ボディの回転繰り出し式ボールペン。上部を回転させるとリフィルが出る。その状態で上から見ると三角形のフォルムがずれて、六芒星のようなシルエットに。握った時に親指、人差し指、中指それぞれが三角の軸に広く接地し、筆記の安定性を高める。

1	**取り回しの軽快さ** ★★★★☆	20.9gと見た目のわりに軽量で、スピード感をもって書ける。
2	**グリップの握りやすさ** ★★★★☆	三角グリップなので好みは分かれそうだが、フィット感があった。表面はザラザラしており滑りにくい。
3	**全体の剛性感** ★★★★☆	軽量ではあるがガッチリしていて、剛性は比較的高く感じた。
4	**ペン先のガタつき** ★★★★☆	若干ガタつきはあったものの、普段使いではあまり気にならないレベル。
5	**内部振動** ★★★★★	回転繰り出し式ということもあり、内部振動は皆無。内部振動がないため筆記に集中できる。
6	**インクの滑らかさ** ★★★☆☆	ヌラヌラとした油性っぽい適度な滑らかさがある。
7	**インクの発色** ★★★☆☆	普通。黒インクは紫っぽい色味になっている。
8	**インクの掠れにくさ** ★★★☆☆	掠れやすさに関しては、普通。1画目に掠れることがある。
9	**インクの速乾性** ★★★★★	書いた直後に擦ってもほとんど伸びなかった。
10	**裏移りのしにくさ** ★★★★★	裏移りはほとんどしなかった。
11	**ノック感・回し心地** ★★★★☆	シャリシャリとした回し心地なのは気になった。少しひねると勝手に戻る。
12	**ペン先の視界** ★★★☆☆	平均的である。

まとめ

**意外と軽量で書きやすいボールペン。
普段使いにもおすすめできる。**

053

ステッドラー

コンクリートボールペン

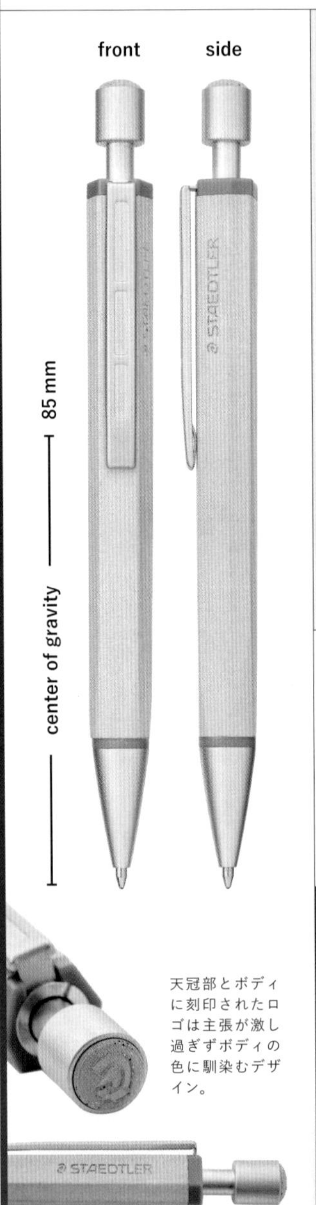

天冠部とボディに刻印されたロゴは主張が激し過ぎずボディの色に馴染むデザイン。

Radar chart

取り回しの軽快さ ①
グリップの握りやすさ ②
全体の剛性感 ③
ペン先のガタつき ④
内部振動 ⑤
インクの滑らかさ ⑥
インクの発色 ⑦
インクの掠れにくさ ⑧
インクの速乾性 ⑨
裏移りのしにくさ ⑩
ノック感・回し心地 ⑪
ペン先の視界 ⑫

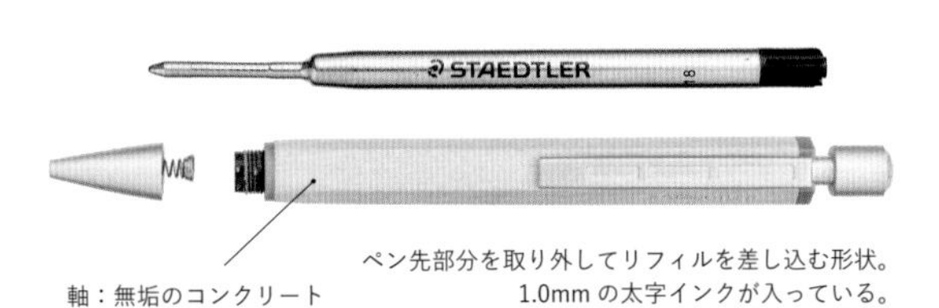

軸：無垢のコンクリート

ペン先部分を取り外してリフィルを差し込む形状。1.0mm の太字インクが入っている。リフィルは汎用性の高い G2 規格。

Ballpoint Pen Spec

メーカー名	ステッドラー（ドイツ）
商品名	コンクリートボールペン
品番	441CONB2-9（ブリックレッド）、441CONB-9（ナチュラル）
価格（税込）	3,850 円
全長	148mm
直径	13mm
重量	34g
ノック方式	ノック式
インク名（リフィル規格）	ブラック（F 芯）

クリップは TRX（P.124）同様に高級ラインのイニティウムクリップを使用している。

太く強い存在感に心惹かれる

総評

コンクリートが使われたオリジナリティーあふれるこのボールペンはステッドラーのスマートなイメージとは一線を画し、ビルのような存在感を放つ。あえて不均一にされた六角ボディは、自分にフィットするグリップを模索することができる。コンクリートは職人が手作業で削り出している。口金付近の角の面取りからも、その丁寧さが伺える。ボディと天冠の“STAEDTLER”の文字とロゴはコンクリートに彫っているため薄れる心配がない。他にない個性的なボールペンである。

	項目	評価
1	取り回しの軽快さ ★☆☆☆☆	かなり重たく、軽快さはまったくない。
2	グリップの握りやすさ ★☆☆☆☆	歪な六角形であり、握ると違和感を覚える。ボディも太すぎるように感じる。
3	全体の剛性感 ★★★★☆	剛性は高いほう。ただ、口金とボディの間のパーツが樹脂で作られており、意外と柔らかい書き心地だった。
4	ペン先のガタつき ★☆☆☆☆	ガタつきは大きめ。細かい文字を書くのには向いていない。
5	内部振動 ★☆☆☆☆	書いているとかなりカタカタ振動するのが伝わってくる。安っぽい印象を受けてしまう。
6	インクの滑らかさ ★★★☆☆	ヌラヌラとした油性っぽい適度な滑らかさがある。
7	インクの発色 ★★★☆☆	普通。黒インクは紫っぽい色味になっている。
8	インクの掠れにくさ ★★★☆☆	1画目に掠れることがあるが、普通レベル。
9	インクの速乾性 ★★★★★	書いた直後に擦ってもほとんど伸びなかった。
10	裏移りのしにくさ ★★★★★	裏移りはほとんどしなかった。
11	ノック感・回し心地 ★★★☆☆	コンクリートの重量感のリンクしたような重たいノック感で、少し力が要る。
12	ペン先の視界 ★★★☆☆	平均的である。

正直使いにくい。
他にない素材だから話題作りにはいい。

こちらもCHECK

054

ディプロマット

アエロ

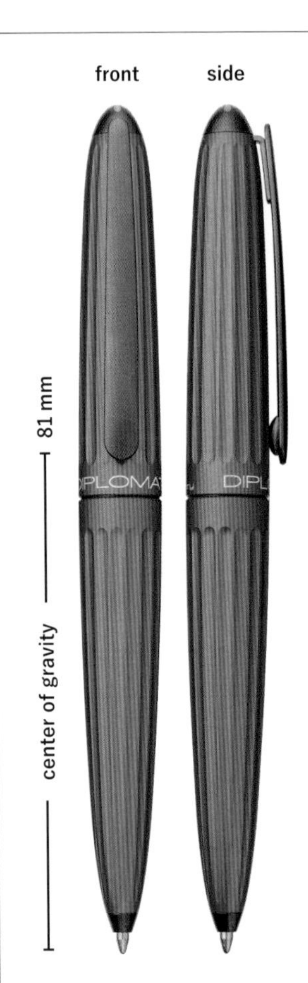

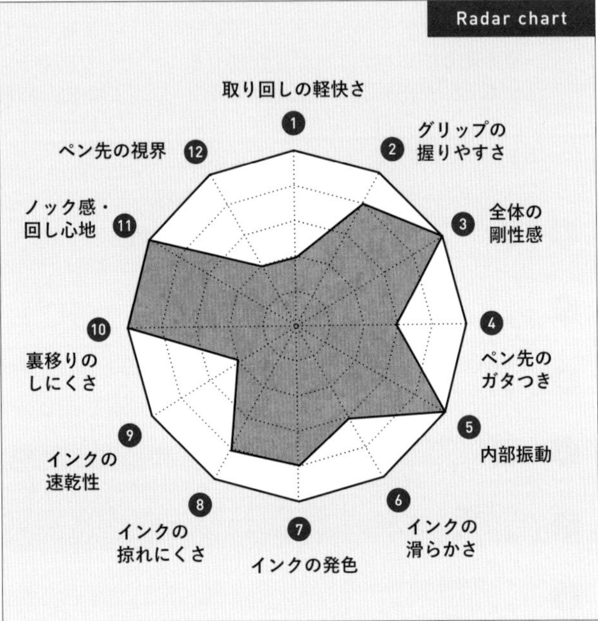

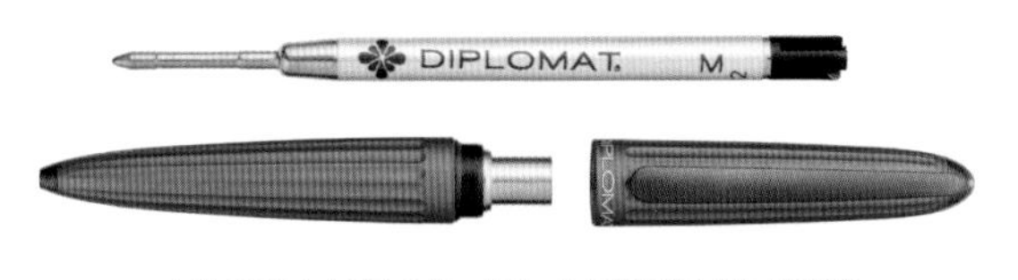

太字で滑らかな書き心地。リフィルは汎用性の高い G2 規格。

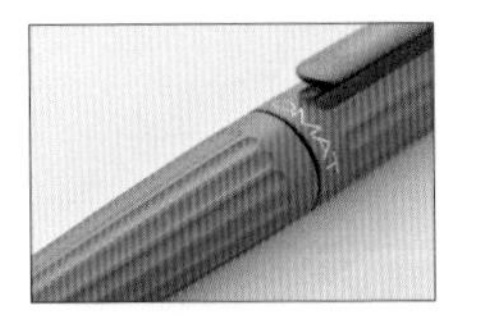

流線型のボディに彫り込まれた溝が、ペンを握った時に滑り止めの役割を果たしてくれる。

Ballpoint Pen Spec

メーカー名	ディプロマット（ドイツ）
商品名	アエロ　サンセットオレンジ　ボールペン
品番	1957235
価格（税込）	22,000 円
全長	139mm
直径	15mm
重量	42 g
ノック方式	回転繰り出し式
インク名（リフィル規格）	イージーフロー芯黒 M（G2 規格）

2008 年にロゴのデザインをリニューアル。インクの雫を花びらに見立てた「インクフラワー」デザインに。

世界を旅する“飛行船”　総評

ブランド名ディプロマットは「外交官」の意味。諸外国で活躍する外交官のように世界的なブランドになることを目指して名付けられたそう。アエロは「航空」「飛行」を意味し、ボディは大空を流れる飛行船をイメージした形状。上下それぞれのボディには縦長で太めの溝が16本掘られており、デザイン性のみならずリフィルの繰り出しやすさや握りやすさにも貢献している。やさしいドーム状の天頂にこの肉厚なボディで、筆記を楽しいものにしてくれる。

1	取り回しの軽快さ ★★☆☆☆	40g超えと重たく、軽快さはあまりない。
2	グリップの握りやすさ ★★★★☆	ボディに彫られた16本の溝がグリップ性能を発揮してくれる。クリップがやや長いため、指に当たりやすい。
3	全体の剛性感 ★★★★★	重量級のボディが生み出すしっとりとした書き心地は癖になる。リフィルも金属製のため、全体的に剛性が高い。
4	ペン先のガタつき ★★★☆☆	ややガタつく。書いている時にカチャカチャ音が鳴る時があった。
5	内部振動 ★★★★★	回転繰り出し式ということもあり、内部振動は皆無。
6	インクの滑らかさ ★★★☆☆	ヌラヌラとした油性っぽい適度な滑らかさがある。
7	インクの発色 ★★★★☆	発色はいいほう。黒インクは茶色っぽい色味。
8	インクの掠れにくさ ★★★★☆	このイージーフローは油性の中では掠れにくいほうで、水性インクのような筆跡である。
9	インクの速乾性 ★★☆☆☆	5秒ほど時間が経っても指で擦ると線が伸びてしまう。
10	裏移りのしにくさ ★★★★★	ほとんど裏移りしなかった。
11	ノック感・回し心地 ★★★★★	軽い力で滑らかに回すことができ、ザラザラ感もなく気もちがいい。少しひねるだけで芯が戻ってくれる。
12	ペン先の視界 ★★☆☆☆	口金が太いため、ややペン先の視界は劣るが、細かい文字を書く人以外は気にならないだろう。

まとめ　**太軸好きにハマる高級ボールペン。**

055

パーカー

パーカー・IM

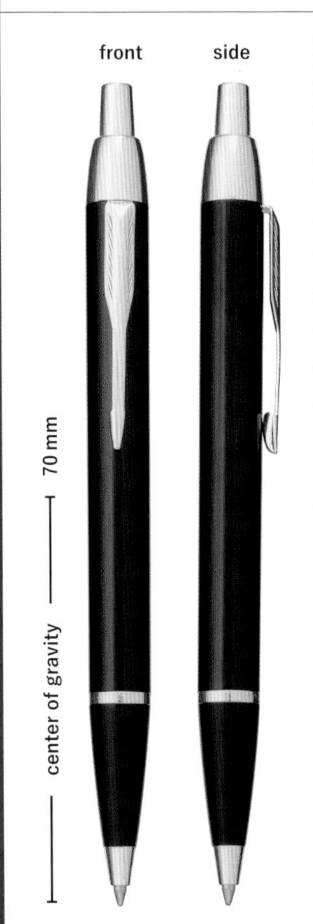

Radar chart

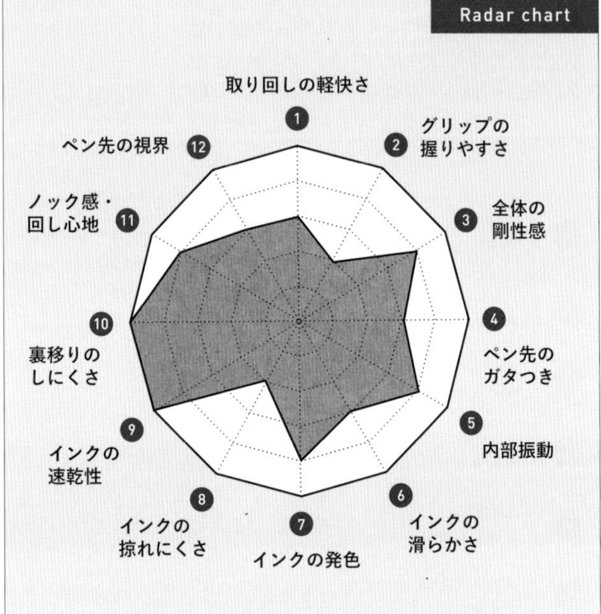

無駄のない設計のシンプルなボディ。
リフィルは汎用性の高い G2 規格（パーカータイプ）。
※画像は旧仕様

パーカーの象徴ともいえる「矢羽クリップ」が130 年以上続く歴史を感じさせる。

Ballpoint Pen Spec

メーカー名	パーカー（イギリス）
商品名	パーカー・IM ブラック GT ボールペン
品番	1975638
価格（税込）	5,500 円
全長	140mm
直径	10mm
重量	23g
ノック方式	ノック式
インク名（リフィル規格）	クインクフローボールペン替芯ブラック M

ゴージャスなゴールドの輝きで、ノックする気分も高まる。

持つ人を選ばないシンプルボディ

総評

ブラックの持ち手に艶のあるブラックボディ、上品な輝きの金色部分。シンプルで堅実な形状は、人を選ばず好まれる。芯を出してもノック部分が元の位置に戻ってくるため、筆記中もデザインを損ねない。
リフィルはパーカータイプともいわれるG2規格。パーカーが開発し、後に国際規格として確立されたリフィルタイプであり、力強く筆記できる。
堂々とした佇まいが魅力的な、存在感のあるボールペンである。

1	取り回しの軽快さ ★★★☆☆	30g弱と重量感があり、軽快さはあまり感じないが、重すぎるとも感じなかった。
2	グリップの握りやすさ ★★☆☆☆	ラッカー仕上げのボディが滑りやすく、クリップが指に当たりやすいのが難点。グリップの形状も独特で、どこを握ればいいか悩みやすい。
3	全体の剛性感 ★★★★☆	適度な重さがあり、書いてる時に程よい剛性感を感じた。
4	ペン先のガタつき ★★★☆☆	ややガタつく。書いている時にカチャカチャ音が鳴る時があった。
5	内部振動 ★★★★☆	内部振動はほとんど感じないが、素早くペンを走らせると細かい振動を感じる
6	インクの滑らかさ ★★★☆☆	ヌラヌラとした油性っぽい適度な滑らかさがある。
7	インクの発色 ★★★★☆	発色はいいほう。黒インクは茶色っぽい色味になっている。
8	インクの掠れにくさ ★★☆☆☆	文字の1画目が掠れやすかった。
9	インクの速乾性 ★★★★★	書いた直後に擦ってもほとんど伸びなかった。
10	裏移りのしにくさ ★★★★★	インクが乾きやすく、裏移りはほとんどしなかった。
11	ノック感・回し心地 ★★★★☆	押しごたえのあるノック感である。ただノック音が大きく、バネの反発が強すぎる感じがあった。
12	ペン先の視界 ★★★☆☆	平均的である。

デザインはいいが、握りにくいのが気になる。
署名などのライトな用途なら使える。

こちらもCHECK

056

パーカー

パーカー・アーバン

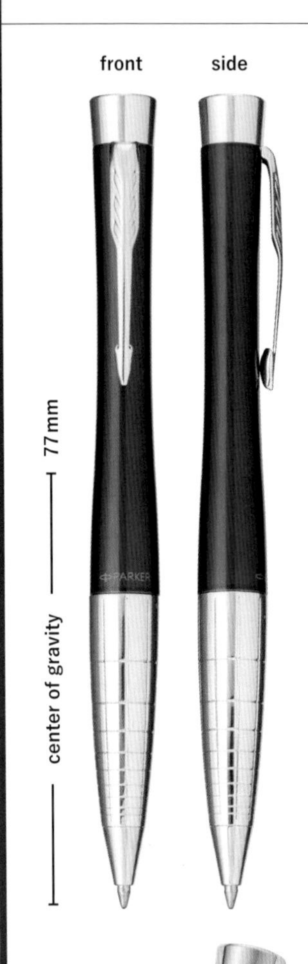

Radar chart

取り回しの軽快さ
1
2 グリップの握りやすさ
3 全体の剛性感
4 ペン先のガタつき
5 内部振動
6 インクの滑らかさ
7 インクの発色
8 インクの掠れにくさ
9 インクの速乾性
10 裏移りのしにくさ
11 ノック感・回し心地
12 ペン先の視界

リフィルは汎用性の高いG2規格（パーカータイプ）。

Ballpoint Pen Spec

メーカー名	パーカー（イギリス）
商品名	パーカー・アーバン プレミアム ネイビーブルーシズレCT ボールペン
品番	2194679
価格（税込）	6,600円
全長	139mm
直径	11mm
重量	34g
ノック方式	ツイストタイプ
インク名（リフィル規格）	クインクフローボールペン 替芯ブラック M

上部の天冠から細身になっていく珍しい流線形。またペン先に向かって広がる様も美しい。

天冠部分から繋がるクリップの、透明感のあるクリアなシルバーが秀逸。

個性際立つモダンなデザイン

総評

個性的な形状の回転繰り出し式ボールペン。ペン先から上部にかけて緩やかなカーブを描く。ふっくらとした握りやすいグリップにはパーカーの象徴「シズレパターン」と言われる格子柄のデザインがされており、この部分を回すことで芯が繰り出される。

クールな矢羽クリップにユニークなフォルムのボディは、人目をひくデザインである。持ってみると重量感がある。商談時や契約書にサインをする場面など、ビジネスシーンに似合うだろう。

1	取り回しの軽快さ ★★☆☆☆	ずっしりしており、重心も高めな位置にあるため、握ると重たく感じる。
2	グリップの握りやすさ ★★★★☆	グリップに膨らみがあり、上部がくびれた形状でフィット感が得られる。グリップが滑りやすいのは注意。
3	全体の剛性感 ★★★★☆	グリップの金属パーツのお陰で剛性は高く感じるが、後軸が樹脂素材のため見た目のわりに軽い書き心地という印象を受けた。
4	ペン先のガタつき ★★★☆☆	ややガタつく。書いている時にカチャカチャ音が聞こえる。
5	内部振動 ★★★★★	内部振動はほとんどない。
6	インクの滑らかさ ★★★☆☆	ヌラヌラとした油性っぽい適度な滑らかさがある。
7	インクの発色 ★★★★☆	発色はいい。黒インクは茶色っぽい色味になっている。
8	インクの掠れにくさ ★★☆☆☆	文字の１画目が掠れやすかった。
9	インクの速乾性 ★★★★★	書いた直後に擦ってもほとんど伸びなかった。
10	裏移りのしにくさ ★★★★★	乾き気味なインクであるためか、裏移りはほとんどしなかった。
11	ノック感・回し心地 ★★☆☆☆	ゆったりとした回し心地だが、重たさも感じる。少し内部のパーツが擦れてる感覚があった。
12	ペン先の視界 ★★★☆☆	平均的である。

まとめ

長時間筆記には不向きだが、力強く美しいデザインなのでビジネスシーンで使えるだろう。

057

パーカー

ジョッター XL

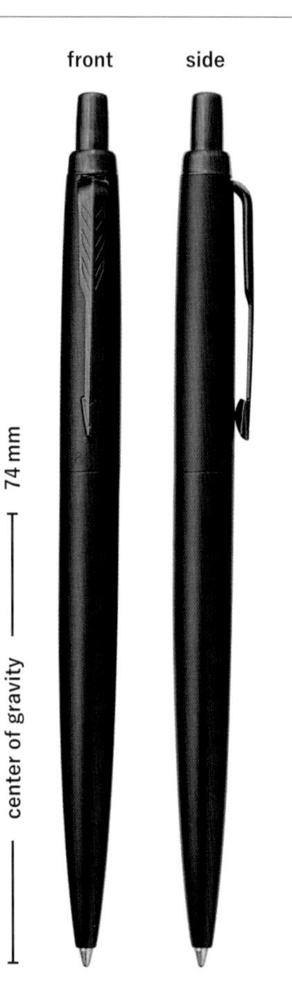

統一されたブラックでパーカーの象徴である「矢羽クリップ」も存在が控えめ。

Radar chart

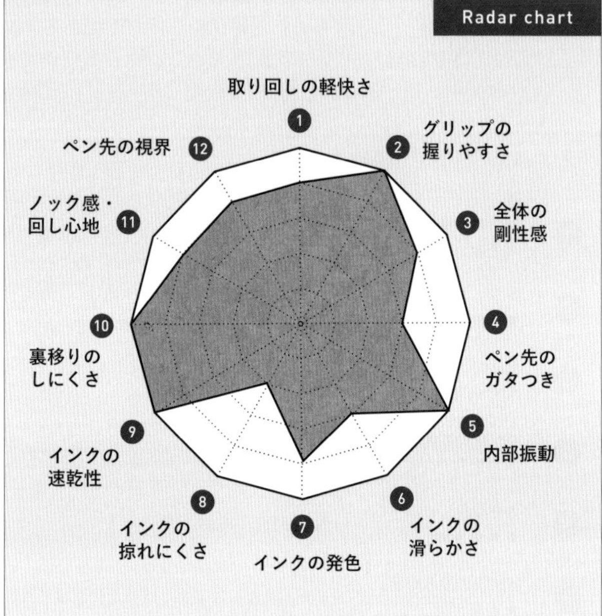

リフィルは汎用性の高いG2規格（パーカータイプ）。

Ballpoint Pen Spec

メーカー名	パーカー（イギリス）
商品名	ジョッター XL ブラック BT ボールペン
品番	2122657Z
価格（税込）	4,400円
全長	140mm
直径	11mm
重量	20g
ノック方式	ノック式
インク名（リフィル規格）	クインクフローボールペン替芯ブラック M

カジュアルに使えるノック式がこのデザインにはよく合う。

1本目の“いい筆記具”

総評

イギリス王室御用達筆記具ブランドであるパーカー。65年を越えるジョッターシリーズの完成されたデザインは、長年愛される理由がわかる秀麗さである。ジョッターXLはその名の通りジョッターよりひと回り大きくなったモデル。今の時代に合ったちょうどいいサイズ感だ。段差がなく引き締まったオールブラックのボディはシンプルな曲線美を表す。パーカーの象徴“矢羽クリップ”は他を凌ぐ知的な気品を感じさせる。“いい筆記具”のエントリーモデルとして、大切な人の門出のプレゼントにいかがだろうか。

1	取り回しの軽快さ ★★★★☆	フルメタルボディのわりには軽く感じる。星5つまではいかないが、普段使いしやすい軽快さである。
2	グリップの握りやすさ ★★★★★	段差のない流線型のボディが指にしっくりとくる。太さもちょうどいい
3	全体の剛性感 ★★★★☆	フルメタルボディのわりにはやや軽めかもしれないが、金属リフィルなのもあり、硬めな書き心地である。
4	ペン先のガタつき ★★★☆☆	ややガタつく。書いている時にカチャカチャ音が鳴る時があった。
5	内部振動 ★★★★★	内部振動はほとんどない。
6	インクの滑らかさ ★★★☆☆	ヌラヌラとした油性っぽい適度な滑らかさがある。
7	インクの発色 ★★★★☆	発色よく、黒インクは茶色っぽい色味になっている。
8	インクの掠れにくさ ★★☆☆☆	文字の1画目が掠れやすかった。
9	インクの速乾性 ★★★★★	書いた直後に擦ってもほとんど伸びなかった。
10	裏移りのしにくさ ★★★★★	裏移りはほとんどしなかった。
11	ノック感・回し心地 ★★★★☆	押しごたえのあるノック感だが、ノック音が大きく、バネの反発が強すぎる感じがあった。
12	ペン先の視界 ★★★★☆	口金が細くなっており、視界は良好。

まとめ

格式も実用性も高い。
自分用にも、プレゼント用にも幅広くおすすめできる。

こちらもCHECK

058

パーカー

ソネット プレミアム

front　side

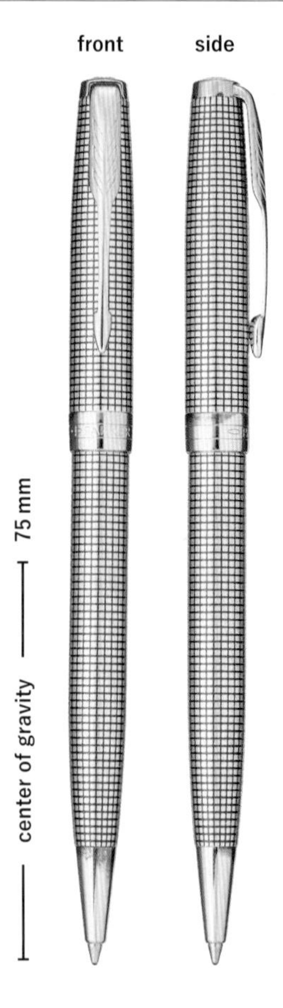

Radar chart

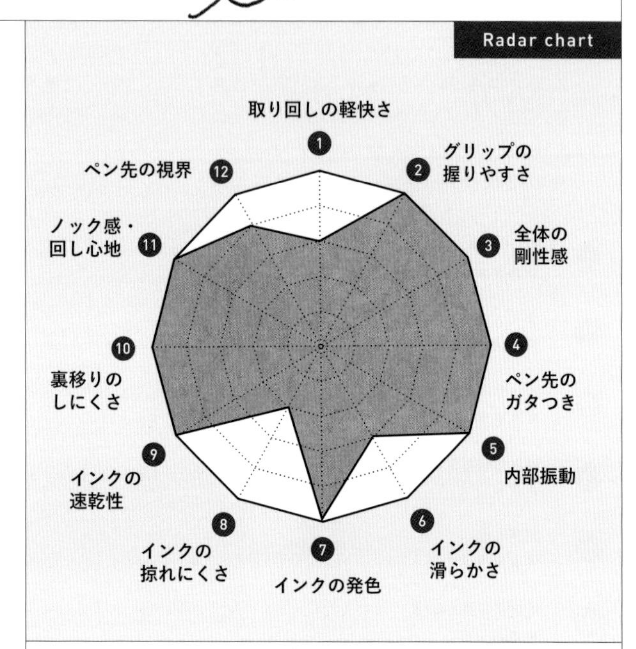

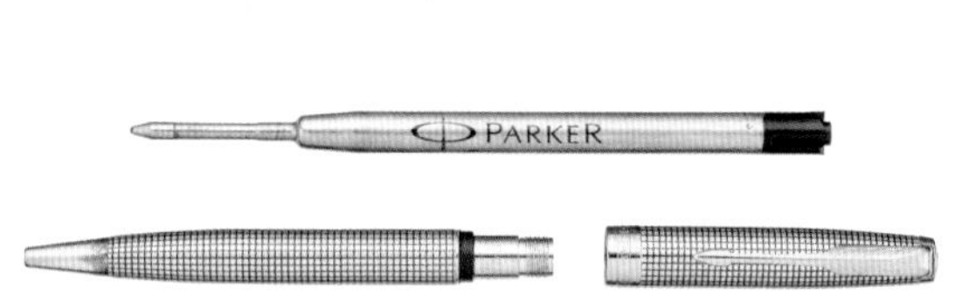

リフィルは汎用性の高いG2規格（パーカータイプ）。

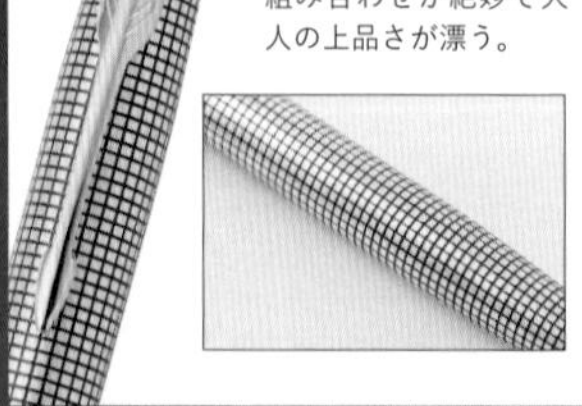

シズレ柄のボディと金色に輝くクリップとの組み合わせが絶妙で大人の上品さが漂う。

Ballpoint Pen Spec

メーカー名	パーカー（イギリス）
商品名	ソネット プレミアム シズレ GT ボールペン
品番	1931492
価格（税込）	49,500円
全長	138mm
直径	8 mm
重量	29g
ノック方式	ツイストタイプ
インク名（リフィル規格）	クインクフローボールペン替芯ブラック M

シルバーのシズレ柄とゴールドの矢羽クリップは相性抜群。

パーカーの代表作。一流の書き心地。

総評

掲載はソネットの“プレミアム シズレ”。ロンドンで出合った美しい銀製のかぎ煙草のケースをモチーフに考案された。“シズレ”チェック柄は貴婦人のようなゴージャスさと上品さをもつ。デザイン性の高さのみならず握った際に滑りにくさも兼ね備えており、実用性も高い。回転繰り出し式だが回転部の段差は小さく、筆記を邪魔しない。細身のボディは手に収まる長さであり、手帳に挟めるサイズ。一流の人間が使用する一流のボールペンである。

1	取り回しの軽快さ ★★★☆☆	30g 弱で、軽快さはあまり感じないが、重すぎるとも感じなかった。
2	グリップの握りやすさ ★★★★★	シズレパターンが滑り止め効果を発揮してくれ、グリップと上部の段差も小さく、気にならなかった。
3	全体の剛性感 ★★★★★	“THE 高級ボールペン”らしい書き心地で、これぞ油性ボールペンといった感じ。ついつい使いたくなってしまう。
4	ペン先のガタつき ★★★★★	ガタつきはほとんどなく、気もちいい。
5	内部振動 ★★★★★	回転繰り出し式ということもあり、内部振動は皆無。一体感を感じて筆記することができる。
6	インクの滑らかさ ★★★☆☆	ヌラヌラとした油性っぽい適度な滑らかさがある。
7	インクの発色 ★★★★★	発色がいい。茶色っぽい色味の黒インク。
8	インクの掠れにくさ ★★☆☆☆	文字の１画目が掠れやすい。
9	インクの速乾性 ★★★★★	書いた直後に擦ってもほとんど伸びなかった。
10	裏移りのしにくさ ★★★★★	裏移りはほとんどしなかった。
11	ノック感・回し心地 ★★★★★	抵抗が少なく滑らかで、回し終えた時のクリック感もいい。少しひねると勝手に戻ってくれる。
12	ペン先の視界 ★★★★☆	口金が細くなっており、視界は良好。

まとめ

実用性の高い高級ボールペン。
ハードにボールペンを使う人にもおすすめできる。

059

ファーバーカステル

エモーション

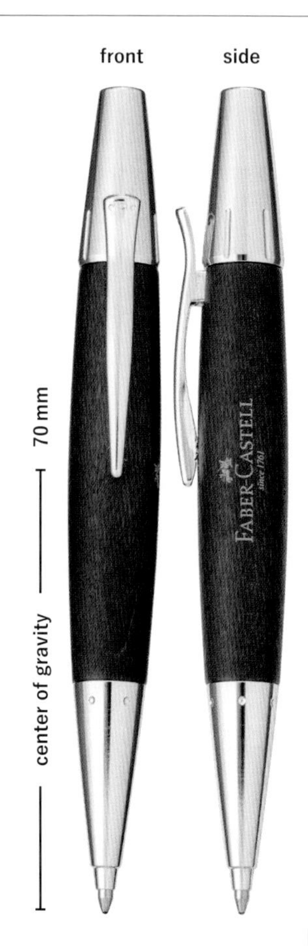

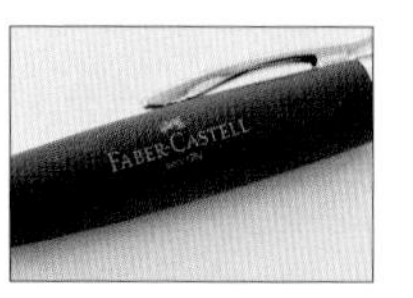

木目に溶け込むように刻印されたロゴ。

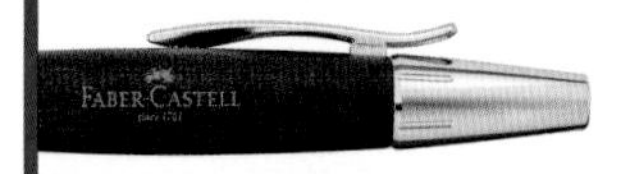

Radar chart

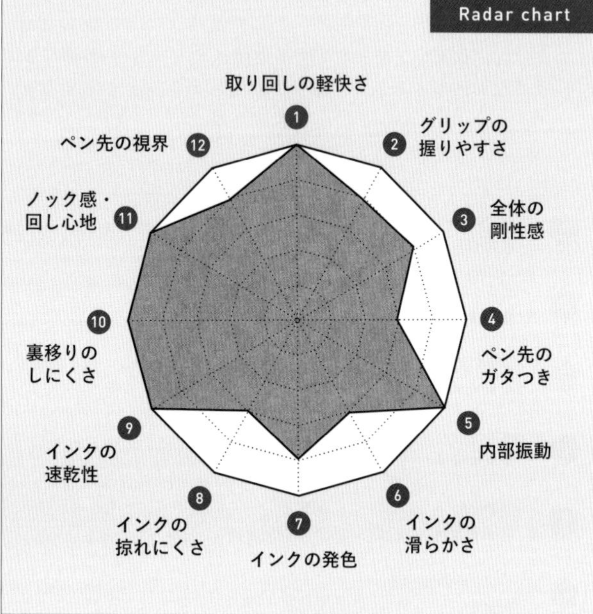

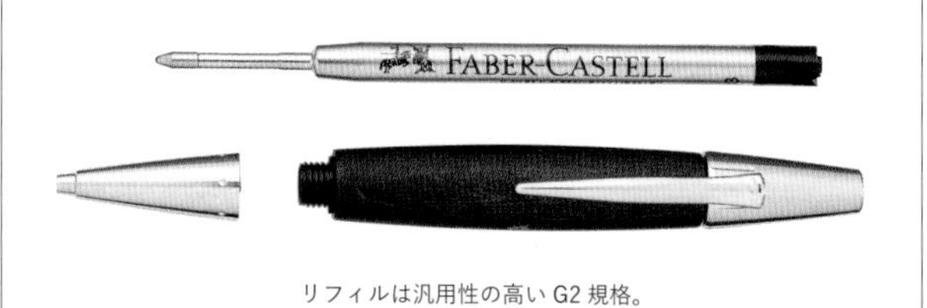

リフィルは汎用性の高い G2 規格。

Ballpoint Pen Spec

メーカー名	ファーバーカステル（ドイツ）
商品名	エモーション 梨の木 ダークブラウン ボールペン
品番	148381
価格（税込）	11,000 円
全長	128mm
直径	14.5mm
重量	32g
ノック方式	回転繰り出し式
インク名（リフィル規格）	ボールペン替芯　ブラック B 148742。交換用リフィルとして、ブラック（M,B,F）、ブルー（M,B）

クロームメタルの輝きと、ボディの流線型に負けない曲線美を兼ね備えたクリップ。

短く太くかわいらしい木軸ボールペン

総評

ファーバーカステルはドイツの筆記具ブランドであり、特に鉛筆において歴史がある世界屈指のブランドだ。エモーションは樽のような、ずんぐりとかわいらしいフォルムが特徴の木軸ボールペン。ボディの中心には“FABER-CASTELL”のロゴと文字が堂々と、しかし品よく印字されている。波打つクリップはボディのカーブに調和し、柔らかくやさしい印象。金属パーツは腐食に強いクロームコーティングが施されている。軽快な回し心地とボディのサラサラとした触り心地も好ましい。

1	取り回しの軽快さ ★★★★★	ショートボディで取り回しがよく、一体感を持って筆記ができる。太い木の枝で書いてるイメージ。
2	グリップの握りやすさ ★★★★☆	ぷっくりと膨らんだ流線型のボディが握りやすい。クリップが指に当たる位置なので、ペンを回しながら書く人は気になるだろう。
3	全体の剛性感 ★★★★☆	しっとりとしつつ、しなやかさのあるいい書き心地。
4	ペン先のガタつき ★★★☆☆	ややガタつく。書いている時にカチャカチャ音が鳴る時があった。
5	内部振動 ★★★★★	回転繰り出し式ということもあり、内部振動は皆無。一体感を感じて筆記することができる。
6	インクの滑らかさ ★★★☆☆	ヌラヌラとした油性っぽい適度な滑らかさがある。
7	インクの発色 ★★★★☆	発色はいいほう。黒インクは紫色っぽい色味になっている。
8	インクの掠れにくさ ★★★☆☆	1画目に掠れることがあるが、許容範囲内。
9	インクの速乾性 ★★★★★	書いた直後に擦ってもほとんど伸びなかった。
10	裏移りのしにくさ ★★★★★	裏移りはほとんどしなかった。
11	ノック感・回し心地 ★★★★★	滑らかで気もちがいい。作りのよさを感じる回し心地。少しひねると簡単に戻ってくれる。
12	ペン先の視界 ★★★★☆	ペン先の口金がステップ状に細くなっており、視界は良好。

まとめ

ショートボディで軽快な筆記ができる。特別感があってギフトにもおすすめ。

ファーバーカステル

伯爵コレクション クラッシック エボニー

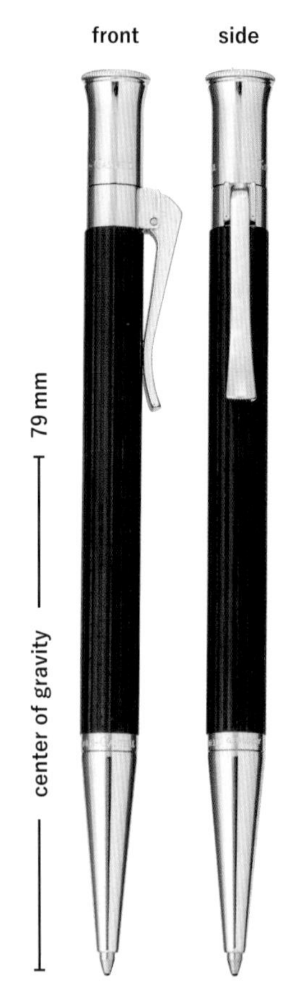

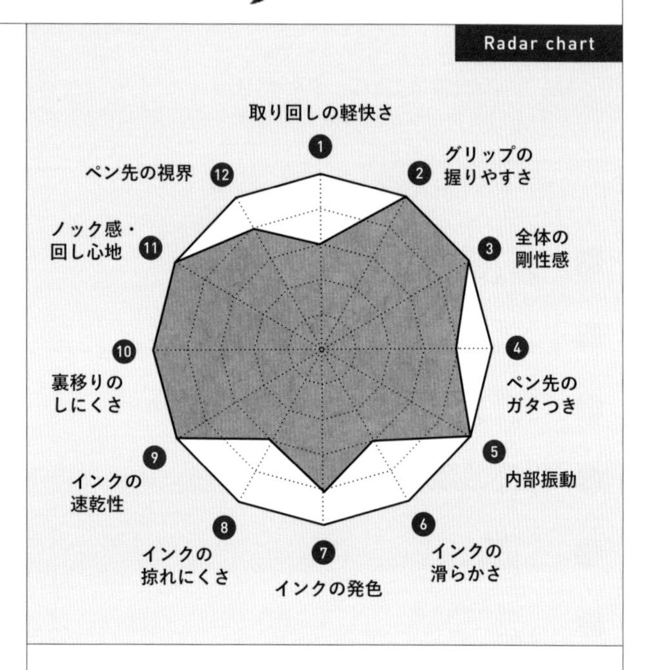

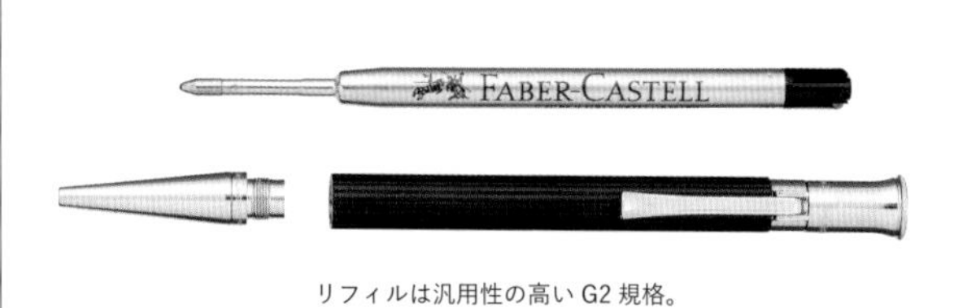

リフィルは汎用性の高い G2 規格。

プラチナコーティングをアクセントに、天冠部は窪みをもたせた円形になっている。

Ballpoint Pen Spec

メーカー名	ファーバーカステル（ドイツ）
商品名	伯爵コレクション クラシック エボニー プラチナコーティング　ボールペン
品番	145531
価格（税込）	60,500 円
全長	133mm
直径	9mm
重量	40.5g
ノック方式	回転繰り出し式
インク名 （リフィル規格）	ボールペン替芯　ブラック B　148742。 交換用リフィルとして、ブラック（M,B,F）、ブルー（M,B）

胸ポケットにさすと反った形状のクセが目を引くクリップ。

伯爵の堅牢な城を思わせる装い

総評

ファーバーカステルはドイツ伯爵の家系が経営する筆記具ブランド。西洋のかつての王城の柱を思わせるボディデザインにその装飾のクリップ。木製ながら石のような堅牢な風合いのボディはプラチナコーティングのパーツと合わさり、プレミアムな装いに。通常回転繰り出し式は両手でひねり芯を出すが、こちらはクリップ上の小型パーツを半回転させるだけであり、片手でも行うことができる。回転部には“GRAF VON FABER CASTELL”の文字とロゴが刻印されている。伯爵の雰囲気漂う1本である。

1	取り回しの軽快さ ★★★☆☆	真鍮ボディということで重みを感じるが、コンパクトボディなので普段使いできる取り回し。
2	グリップの握りやすさ ★★★★★	木軸で滑りにくく、指にやさしく握りやすい。
3	全体の剛性感 ★★★★★	流石の伯爵コレクション。力強いボディの作りで、高級ボールペンらしいしっとりとした書き心地である。
4	ペン先のガタつき ★★★★☆	ガタつきは小さいほう。欲をいえばもう少し抑えて欲しかったが、多くの人にとっては気にならない程度。
5	内部振動 ★★★★★	回転繰り出し式ということもあり、内部振動は皆無。一体感を感じて筆記することができる。
6	インクの滑らかさ ★★★☆☆	ヌラヌラとした油性っぽい適度な滑らかさがある。
7	インクの発色 ★★★★☆	発色はいいほう。黒インクは紫色っぽい色味になっている。
8	インクの掠れにくさ ★★★☆☆	掠れやすさに関しては可もなく不可もなく。1画目に掠れることがある。
9	インクの速乾性 ★★★★★	書いた直後に擦ってもほとんど伸びなかった。
10	裏移りのしにくさ ★★★★★	裏移りはほとんどしなかった。
11	ノック感・回し心地 ★★★★★	少し重ためだが、伯爵コレクションの格式の高さを感じる回し心地のよさ。
12	ペン先の視界 ★★★★☆	ペン先の口金は細くなっており、視界は良好。

まとめ

気分を上げてくれる一生物の高級ボールペン。
ビジネスシーンで使いたい。

061

フィッシャースペースペン

リアルブレット 338

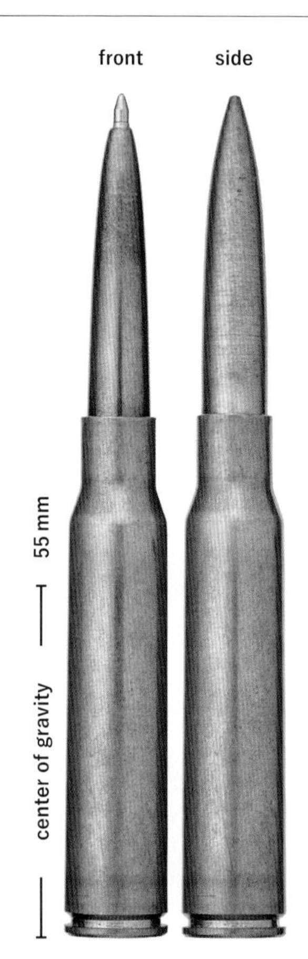

キャップの尻部には薬きょうメーカーの刻印が施されているため、メーカー名が異なることも。

Radar chart

取り回しの軽快さ ①
グリップの握りやすさ ②
全体の剛性感 ③
ペン先のガタつき ④
内部振動 ⑤
インクの滑らかさ ⑥
インクの発色 ⑦
インクの掠れにくさ ⑧
インクの速乾性 ⑨
裏移りのしにくさ ⑩
ノック感・回し心地 ⑪
ペン先の視界 ⑫

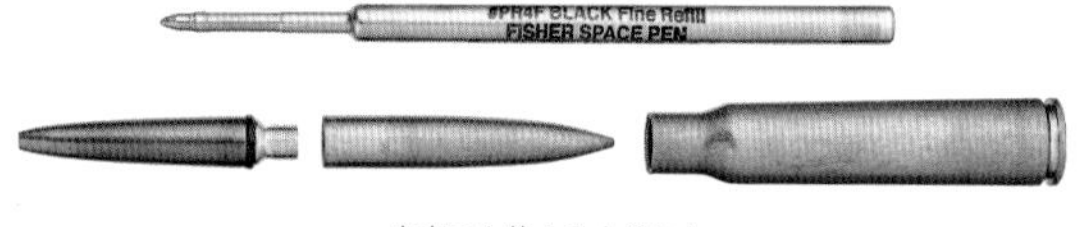

宇宙でも使えるようにと、NASAと共同開発したリフィルが搭載されている。他社ではあまり見ない形状のため、汎用性は低い。

Ballpoint Pen Spec

メーカー名	フィッシャースペースペン（アメリカ）
商品名	リアルブレット 338
品番	1010327
価格（税込）	8,800円
全長	105mm（収納時） 111mm（使用時）
直径	15mm
重量	49g（キャップなし 22.3g）
ノック方式	キャップ式
インク名（リフィル規格）	PRタイプ芯黒F（独自規格）

スナイパー用の薬きょうをキャップに使用しているだけあって、軸も先端が長く尖った形状をしている。

総評

携帯時は**職務質問**に備えましょう

最も物騒な見た目のボールペン。本物の薬きょうに弾丸を模したボールペンが格納されている。リフィルは宇宙でも使えるようNASAとフィッシャー社が共同開発したもの。上向きでも、水中でも、無重力空間でも、極度の寒暖差でも、100年以上保管しても筆記が可能。ボディの弾丸の形状は意外にも指にフィットする。
ボールペンであるため当然所持は適法だが、見つかった際のトラブル防止のため、持ち込む場所は選ぶ必要があるだろう。

1	取り回しの軽快さ ★★★★☆	かなりの重量級だが、短い弾丸ボディのため、意外にも取り回しはいい。
2	グリップの握りやすさ ★★★★☆	弾丸の形状は意外にも指にフィットする。見た目以上にもちやすく驚いた。ただ、真鍮の匂いが指につきやすいので注意。
3	全体の剛性感 ★★★★★	高級ブランド顔負けの剛性感。重厚な書き味は弾丸であるのを忘れてしまう。多少の衝撃ではびくともしない剛性の高さに惚れる。
4	ペン先のガタつき ★★★☆☆	書いている時にカチャカチャ音が鳴る。セロテープを小さく切ってリフィルに貼るとガタつきがゼロになった（自己責任）。
5	内部振動 ★★★★★	皆無といってもいい。一体感を感じられる弾丸らしい書き心地である。
6	インクの滑らかさ ★★★☆☆	普通。とても滑らかというわけではないが、普通に使っていける。
7	インクの発色 ★★★★☆	油性の中ではかなり濃いほう。黒に近い発色で見やすい。
8	インクの掠れにくさ ★★★☆☆	筆圧が弱いと掠れやすいが、筆圧をかければあまり掠れない。
9	インクの速乾性 ★★★★★	書いた直後に擦ってもほとんど伸びなかった。
10	裏移りのしにくさ ★★★★★	乾き気味なインクであるためか、裏移りはほとんどしなかった。
11	ノック感・回し心地 ★★★☆☆	薬きょうから弾丸を外す感覚は他では味わえない。弾丸部分にある黒いゴムのリングがしっとりとしたスライド感を実現する。
12	ペン先の視界 ★★★★☆	口金は細く視界がいい。ペン先のリフィルは出過ぎているように感じるが、そのおかげで視界がよくなっている。

まとめ

耐久性はもちろん、こう見えて書きやすいので
ボールペンとして十分使える。
ただ、手が金属臭くなる。

こちらもCHECK

062

ペリカン

スーベレーン K400

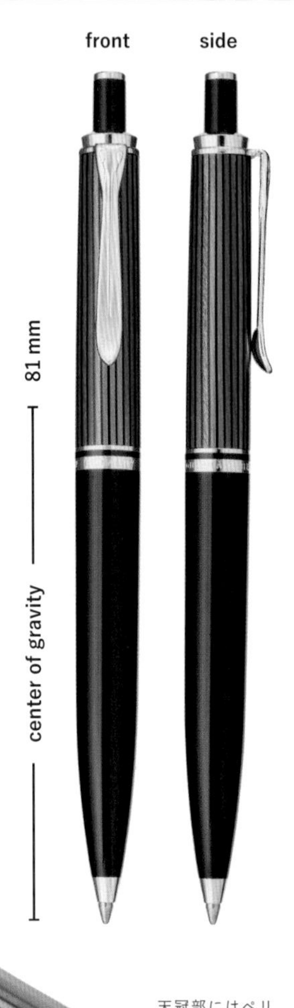

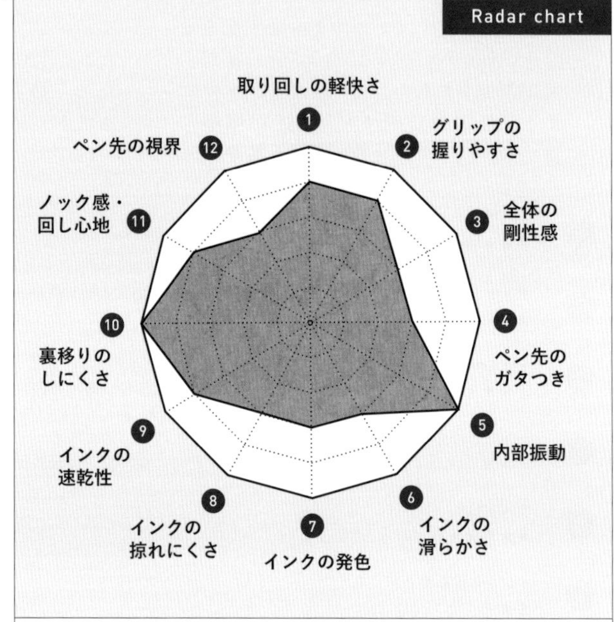

リフィルはペリカンオリジナルの大容量インク 337 を搭載。
書きはじめのインクの出もスムーズ。リフィルは汎用性の高い G2 規格。

天冠部にはペリカンの歴史を感じる「母子像」の刻印。すぐにペリカンとわかるボディの縞模様も特徴。

Ballpoint Pen Spec

メーカー名	ペリカン（ドイツ）
商品名	スーベレーン K400　ブルーストライプ
品番	K400
価格（税込）	30,800 円
全長	133mm
直径	11mm
重量	15g
ノック方式	ノック式
インク名（リフィル規格）	ペリカンリフィル 337

ペリカンを正面から見た形をデザインした「これぞペリカン！」となるクリップ。

ストライプが上品に輝く

総評

万年筆の老舗ブランドであるドイツのペリカン社。ボールペンにもペリカン社のシンボルであるストライプがボディにデザインされている。
K400はノック式。ノック部分の天面には艶ありと艶消しのコントラストによりペリカン社のエンブレムが刻まれている。ゴールドのクリップはペリカンのくちばしがモチーフにされている。ジャケットの胸ポケットにさすことでペリカンがさりげなく顔をのぞかせる。軽量かつちょうどいいサイズ感で、使用者を選ばないボールペンである。

1	取り回しの軽快さ ★★★★☆	やや重心は高いものの、軽量で取り回しはいいほう。
2	グリップの握りやすさ ★★★★☆	適度な太さで握りやすい。グリップがツルツルしているので、グリップ力は高くない。
3	全体の剛性感 ★★★☆☆	樹脂ボディなので剛性感はそこまで感じない。
4	ペン先のガタつき ★★★☆☆	ややガタつく。書いている時にカチャカチャ音が鳴る時があった。
5	内部振動 ★★★★★	内部振動はほとんど感じなかった。
6	インクの滑らかさ ★★★☆☆	ヌラヌラとした油性っぽい適度な滑らかさがある。
7	インクの発色 ★★★☆☆	普通。黒インクは紫っぽい色味になっている。
8	インクの掠れにくさ ★★★☆☆	掠れやすさに関してはよくも悪くも普通。たまに掠れることがある。
9	インクの速乾性 ★★★★☆	書いた直後に指で擦ると若干線が伸びることがあったが、普段使いしていて特段気になることはない。
10	裏移りのしにくさ ★★★★★	ほとんど裏移りしなかった。
11	ノック感・回し心地 ★★★★☆	カチャッとした押しごたえのあるノック感。音が大きいのが気になった。
12	ペン先の視界 ★★★☆☆	平均的である。

まとめ

どこでも使える高級ボールペン。軽量なので書きやすい。

063

ペリカン

スーベレーン K800

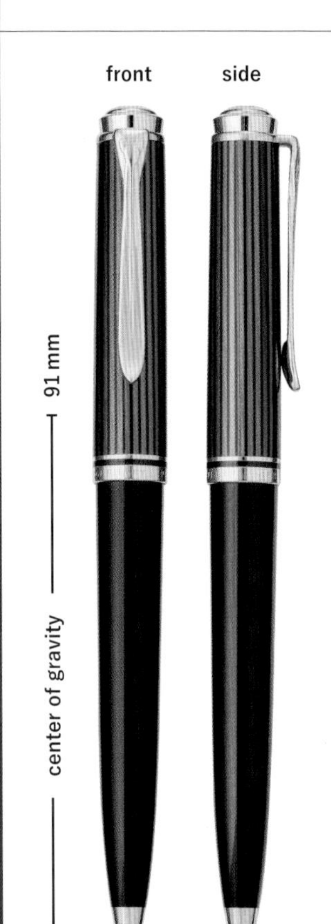

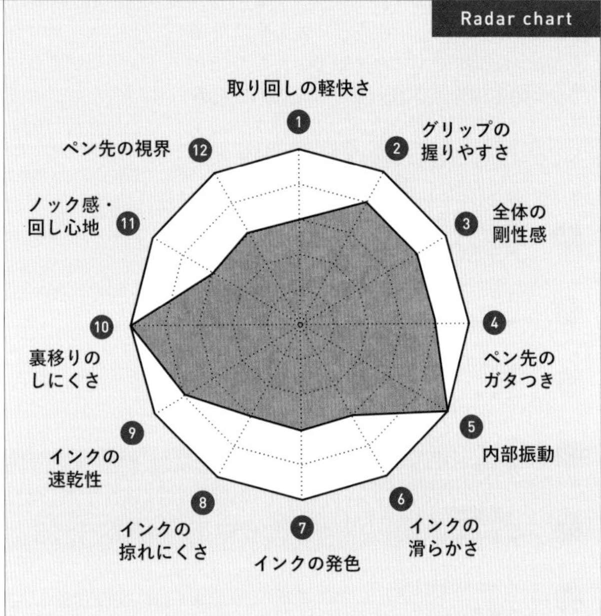

K400（P.144）と同じくペリカンオリジナルリフィルの油性インク 337 が搭載されている。リフィルは汎用性の高い G2 規格。

ダイヤモンド研磨で磨き上げられたボディと、24 金ゴールドプレートの装飾部のコントラストが優美。

Ballpoint Pen Spec

メーカー名	ペリカン（ドイツ）
商品名	スーベレーン K800　ブルーストライプ
品番	K800
価格（税込）	52,800 円
全長	139mm
直径	12.4mm
重量	29g
ノック方式	回転繰り出し式
インク名（リフィル規格）	ペリカンリフィル 337

シリーズの中で最もボディが大きく重厚な存在感を醸し出す。

まさに王道の憧れボールペン

総評

ストライプ模様や金色のクリップに装飾リング、ペン先で高級感を演出している。K800は回転繰り出し式であるため天面が広く、エンブレムであるペリカンの母子がK400より大きく描かれている。
ストライプの青色部分はラインにより異なる反射を見せる。芯を繰り出すためにストライプ部分を回転させると、ペリカン社らしい上品な輝きを放つ。
K400よりやや重ためかつ長めであるため、重厚な筆記を楽しめる。高級筆記具の王道として、数多くの人が憧れる1本。

No.	項目	評価	コメント
1	取り回しの軽快さ	★★★☆☆	K400より重たく、重心も高めなので重たい感触があった。
2	グリップの握りやすさ	★★★★☆	適度な太さで握りやすい。グリップがツルツルしているので、グリップ力は高くない。グリップ上部の段差はあまり気にならなかった。
3	全体の剛性感	★★★★☆	樹脂ボディだが内部に金属パーツを使っているため、やや剛性感の感じる書き心地だった。
4	ペン先のガタつき	★★★★☆	ガタつきは小さいほうで、普段使いで気になることはほとんどない。
5	内部振動	★★★★★	内部振動はほとんど感じなかった。
6	インクの滑らかさ	★★★☆☆	ヌラヌラとした油性っぽい適度な滑らかさがある。
7	インクの発色	★★★☆☆	普通。黒インクは紫っぽい色味になっている。
8	インクの掠れにくさ	★★★☆☆	普通。たまに掠れることがあるが、許容範囲内。
9	インクの速乾性	★★★★☆	書いた直後に指で擦ると若干線が伸びることがあったが、普段使いしていて特段気になることはない。
10	裏移りのしにくさ	★★★★★	ほとんど裏移りしなかった。
11	ノック感・回し心地	★★★☆☆	普通。欲をいえばもう少し滑らかさが欲しかった。
12	ペン先の視界	★★★☆☆	平均的である。

まとめ **K400より重たいためスラスラは書けないが、署名などのライトな筆記にはいいだろう。**

064

モンブラン

スターウォーカー ドゥエ ボールペン

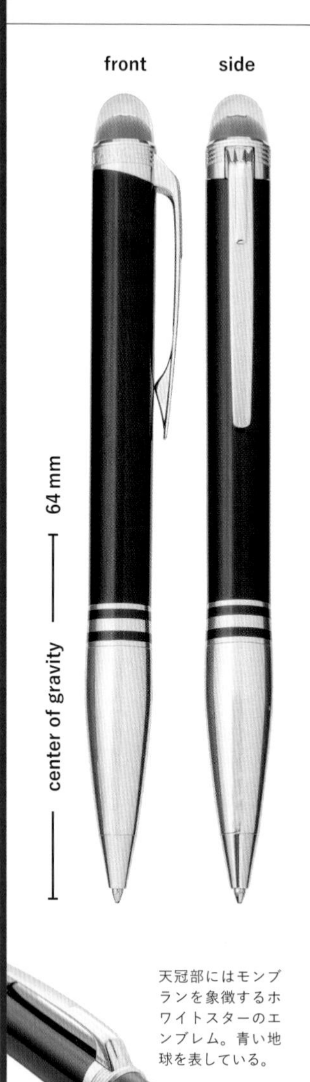

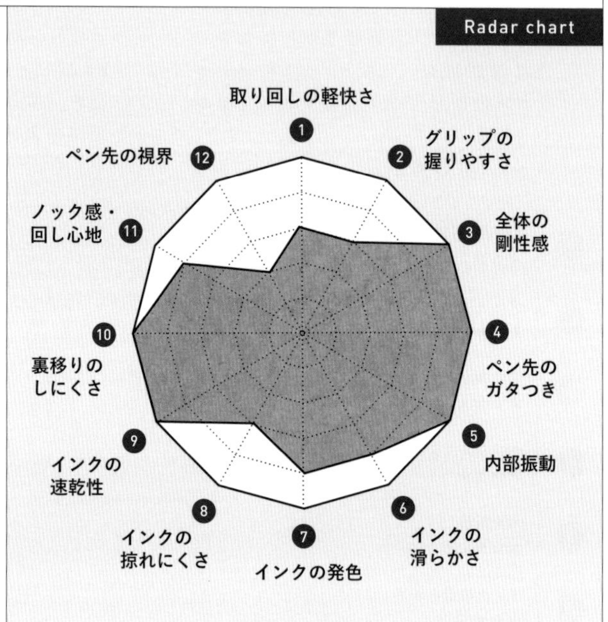

初期装填芯はモンブランオリジナルのリフィルでM字のブラック（油性インク）を搭載。

天冠部にはモンブランを象徴するホワイトスターのエンブレム。青い地球を表している。

漆黒の宇宙をモチーフにしたブラックボディが斬新で個性的な1本に。

Ballpoint Pen Spec

メーカー名	モンブラン（ドイツ）
商品名	スターウォーカー ドゥエ ボールペン
品番	MB132511
価格（税込）	71,500円
全長	134.5
直径	13.1
重量	44.12g
ノック方式	回転繰り出し式
インク名（リフィル規格）	ブラック

手の中に威厳が宿る

総評

スターウォーカーは2003年に発売されたモダンなコレクション。天冠部分は透明なドームの中にホワイトエンブレムがあしらわれており、唯一無二のユニークさがある。“星の中の散歩”をイメージし、水色の部分は地球、黒いボディは宇宙を表している。ボディには独自配合のプレシャスレジンを使用し、傷つきにくくなっている。金属製グリップにはプラチナ仕上げが施され、美しい光沢を放つ。ペンの中でもトップクラスの剛性感を味わうことができる。圧倒的な威厳を手にもち、伸び伸びと文字を書くのが楽しい。

1	**取り回しの軽快さ** ★★★☆☆	重たいものの、グリップに金属、後軸にモンブラン樹脂を使用しており低重心設計になっており、普段使いできる軽快さがある。
2	**グリップの握りやすさ** ★★★☆☆	ぷっくりと膨らんだグリップが指にフィットする。プラチナ仕上げのグリップ部分はツルツルしているため、滑りやすいのは難点。
3	**全体の剛性感** ★★★★★	グリップに使われる金属が肉厚のため、重みのある書き心地を楽しめる。ボールペン界でトップクラスにしっとりとした書き心地。
4	**ペン先のガタつき** ★★★★★	皆無に等しい。カチャカチャ音とは無縁の存在で、最高のコツコツ感を楽しめる。
5	**内部振動** ★★★★★	回転繰り出し式ということもあり、内部振動は皆無。一体感を感じて筆記することができる。
6	**インクの滑らかさ** ★★★★☆	海外の油性インクの中では抵抗が少ないほう。適度なヌラヌラ感があり、ボールの転がる感覚が気もちいい。
7	**インクの発色** ★★★★☆	発色はいいほう。黒インクは紫色っぽい色味になっている。
8	**インクの掠れにくさ** ★★★☆☆	たまに掠れることがあるが、許容範囲内。
9	**インクの速乾性** ★★★★★	書いた直後に擦ってもほとんど伸びなかった。
10	**裏移りのしにくさ** ★★★★★	ほとんど裏移りしなかった。
11	**ノック感・回し心地** ★★★★☆	静かに滑らかに回る。自動では戻らないため、中途半端な位置でリフィルが止まらないように注意。
12	**ペン先の視界** ★★☆☆☆	口金が太いため、ややペン先の視界は劣る。プラチナコーティングの口金は輝きが強く、やや気が散ってしまう。

書き心地がよすぎる。
ビジネスシーンではもちろん、家でひとり眺めたくなる、
魅惑的なボールペン。

こちらも CHECK

065

ラミー

ラミー アルスター オール ブラックボールペン

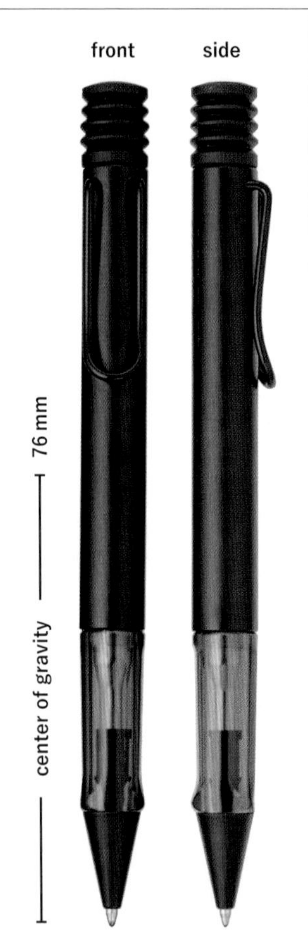

Radar chart

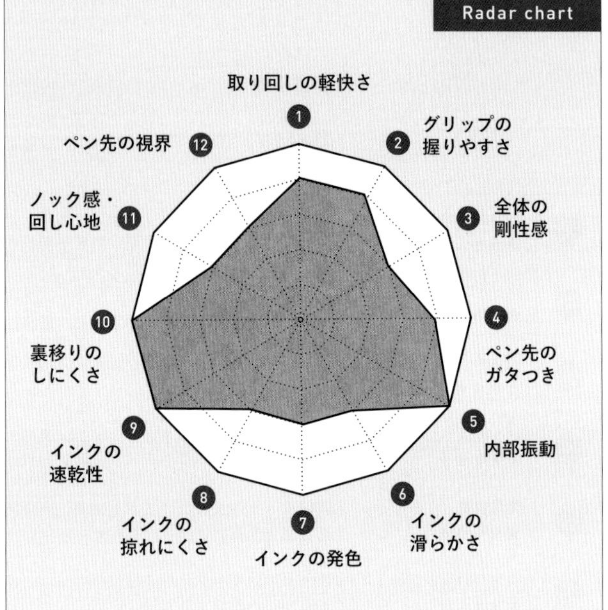

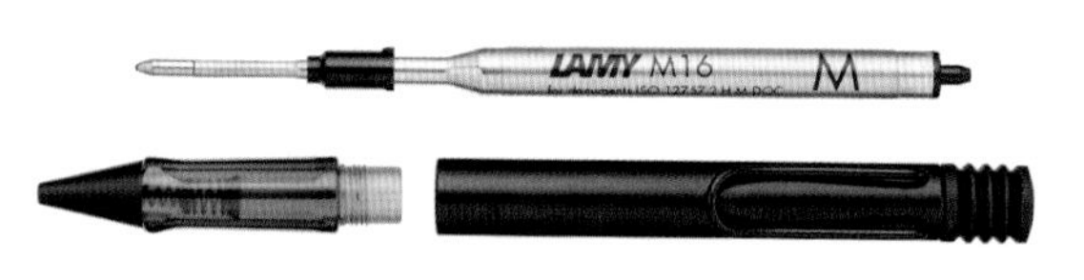

ラミーオリジナルの油性ボール芯・LM16を搭載。
太字でしっかり書けるタイプ。
他社ではあまり見ないリフィル形状のため、汎用性は低い。

くぼみ付きのクリップとうっすら透けたボディから覗く金属リフィルにも心ときめく。

Ballpoint Pen Spec

メーカー名	ラミー（ドイツ）
商品名	ラミー アルスター オールブラックボールペン
品番	L271
価格（税込）	4,400円
全長	138mm
直径	11mm
重量	18g
ノック方式	ノック式
インク名（リフィル規格）	交換用リフィルとして、ブラック（B、M、F）、ブルー（M、F）、レッド（M、F）

全体のデザインに合わせたマットブラックのクリップが一段とクールでかっこいい。

ラミーの人気商品サファリの強化版

総評

アルスターはラミーの人気商品であるサファリ（P.156）と並ぶ１本。サファリが樹脂製なのに対し、アルスターはアルミ製ボディ。アルスターはサファリに比べ若干太いが、形状はほとんど変わらない。
グリップは強化プラスチックのスケルトンになっており、滑りにくさを向上させている。また、ペン内部のリフィルの動きを見ることができる。
ボディには“LAMY”のロゴが大きく縁取るように彫られている。家庭でのメモでもオフィスでの事務作業でもどんな時でも使いやすいだろう。

1	取り回しの軽快さ ★★★★☆	サファリより4g重たい。サファリのほうが軽快だが、書いていてそこまで違いを感じない。
2	グリップの握りやすさ ★★★★☆	心なしかサファリよりなだらかなグリップ形状になっていて、フィットしやすく感じた。
3	全体の剛性感 ★★★☆☆	アルミボディなので若干硬さが増した書き心地である。金属製リフィルでもあり、重さのわりには剛性を感じるペンである。
4	ペン先のガタつき ★★★★☆	ガタつきは若干感じるが、普段使いではあまり気にならないレベル。
5	内部振動 ★★★★★	内部振動はほぼない。ノック部がサスペンションになっているため、ノック部から生じるカタカタ振動を吸収してくれている。
6	インクの滑らかさ ★★★☆☆	ヌラヌラとした油性っぽい適度な滑らかさがある。
7	インクの発色 ★★★☆☆	普通。黒インクは灰色っぽい色味になっている。
8	インクの掠れにくさ ★★★☆☆	筆圧が弱いと掠れやすいが、筆圧をかければあまり掠れない。
9	インクの速乾性 ★★★★★	書いた直後に擦ってもほとんど伸びなかった。
10	裏移りのしにくさ ★★★★★	裏移りはほとんどしなかった。
11	ノック感・回し心地 ★★★☆☆	硬さのあるノック感で押しごたえがある。アルミボディのため、サファリよりも乾いたノック感である。
12	ペン先の視界 ★★★☆☆	平均的である。

まとめ
サファリの質感を高くしたバージョン。大人におすすめのボールペン。

066

ラミー

ラミー ノト ブラック & シルバー ボールペン

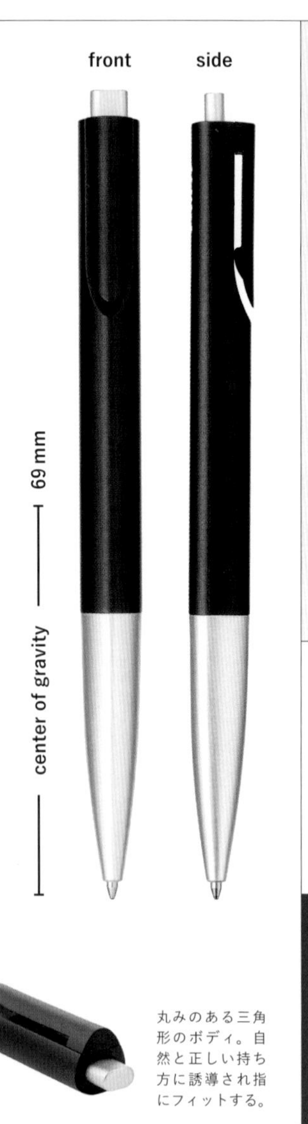

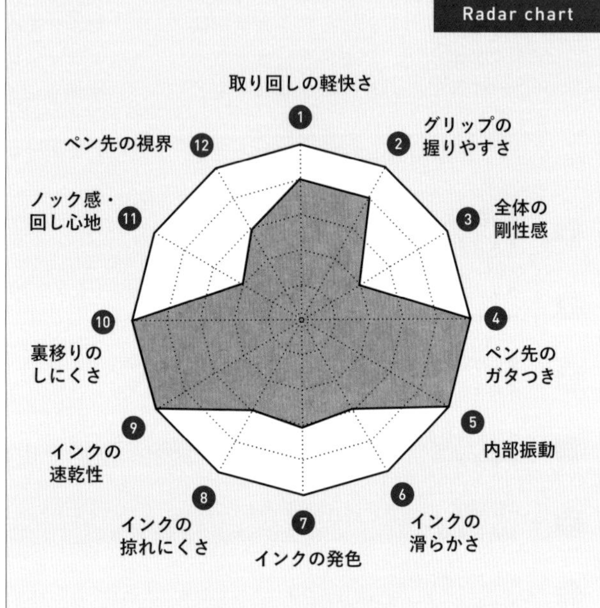

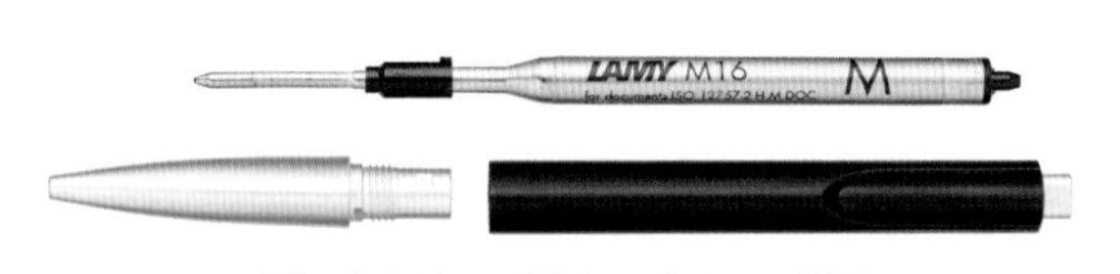

ラミーオリジナルの油性ボール芯・LM16を搭載。
グリップと口金が一体化の構造になっている。
他社ではあまり見ないリフィル形状のため、汎用性は低い。

丸みのある三角形のボディ。自然と正しい持ち方に誘導され指にフィットする。

Ballpoint Pen Spec

メーカー名	ラミー（ドイツ）
商品名	ラミー ノト ブラック & シルバー ボールペン
品番	L283
価格（税込）	2,200円
全長	145mm
直径	11mm
重量	16g
ノック方式	ノック式
インク名（リフィル規格）	ボールペン替芯 LM16（オリジナル） 交換用リフィルとして、ブラック（B,M,F）、ブルー（M,F）、レッド（M,F）

ボディから出っ張る形ではなく、ボディライン内に収まるスッキリデザインのクリップ。

飾り気はないが高いデザイン性

総評

シンプルなようで、細部に独自性が見られるボールペン。丸みを帯びた三角のボディは手に取ると自然と3本の指にフィット。ボディに切れ込みを入れたようなクリップは手に当たる心配がなく、筆記を邪魔しない。ノックボタンは上から見ると小判形。クリップがボディに埋め込まれているため、そこを避けるようにノックボタンは中心から外れている。
このボールペンは日本人デザイナーの深澤直人氏によってデザインされた。必要のない装飾は取り除いた引きのデザイン。

	項目	コメント
1	取り回しの軽快さ ★★★★☆	軽量で取り回しはいいほうだが、ペンが自走するような感覚はなかった。
2	グリップの握りやすさ ★★★★☆	三角グリップは指にフィットしてくれる。ただ固定されてる感じがして、個人的には円のグリップのほうが好き。
3	全体の剛性感 ★★☆☆☆	プラスチックボディなので剛性はイマイチ。金属製リフィルのため、硬めな書き心地である。
4	ペン先のガタつき ★★★★★	ペン先のガタつきはほとんど感じなかった。
5	内部振動 ★★★★★	ノック式ではあるが、内部振動はほとんど感じなかった。
6	インクの滑らかさ ★★★☆☆	ヌラヌラとした油性っぽい適度な滑らかさがある。
7	インクの発色 ★★★☆☆	普通。黒インクは灰色っぽい色味になっている。
8	インクの掠れにくさ ★★★☆☆	筆圧が弱いと掠れやすいが、筆圧をかければあまり掠れない。
9	インクの速乾性 ★★★★★	書いた直後に擦ってもほとんど伸びなかった。
10	裏移りのしにくさ ★★★★★	裏移りはほとんどしなかった。
11	ノック感・回し心地 ★★☆☆☆	静かなノック感なのはいいが、たまにノックをしてもリフィルが出ない時があり、心許ない。
12	ペン先の視界 ★★★☆☆	平均的である。

まとめ

**使う場所を選ばない
ミニマムデザインのボールペン。**

067

ラミー

ラミー ピコ ホワイト

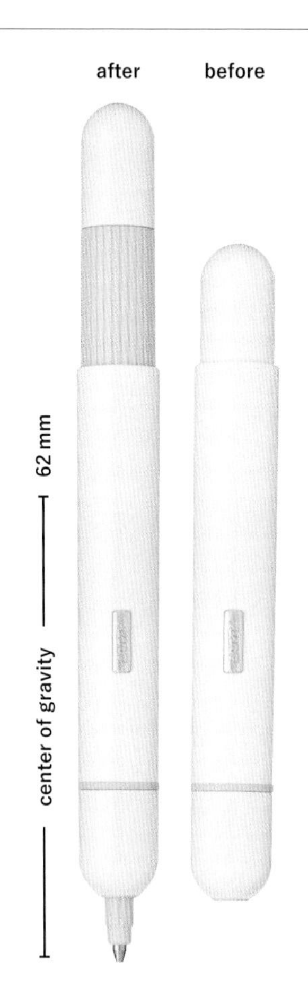

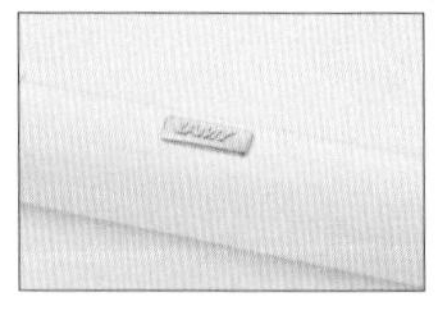

"LAMY" と入ったプレートをあえて突起状に付けてペンの転がり防止を担う。

Radar chart

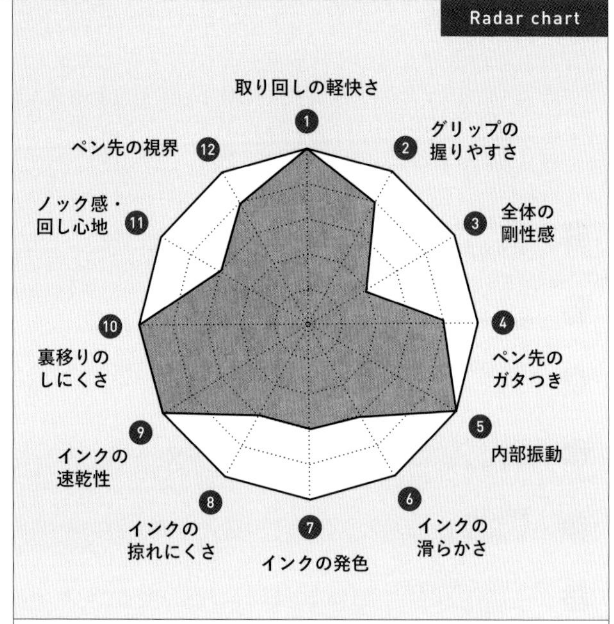

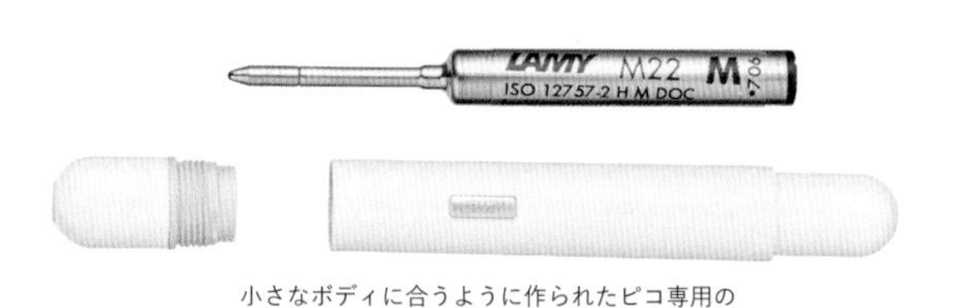

小さなボディに合うように作られたピコ専用のM22 リフィルを搭載。

Ballpoint Pen Spec

メーカー名	ラミー（ドイツ）
商品名	ラミー ピコ ホワイト
品番	L288WT
価格（税込）	8,800 円
全長	ノック前：92mm　ノック後：123mm
直径	12mm
重量	22g
ノック方式	ノック式
インク名（リフィル規格）	ボールペン替芯 LM22（オリジナル） 交換用リフィルとして、 ブラック（B,M,F）、ブルー（M,F）

ペン先の口にリフィル芯を差し込んだ時に、隙間ができない特殊な構造になっている。

触って楽しい伸縮ボールペン

総評

ノック前は全長わずか92mm。ノックすると前方からは口金が、後方からはペン軸がニュッと伸び、全長は123mmに。リフィルが繰り出されると同時に飛び出す樹脂製の口金は筆記時のブレを抑えることを意図している。リフィルはピコ専用の超ショートサイズが使用されている。ボディにあるやや出張ったシルバーの“LAMY”のロゴが、ペンの転がりを抑えてくれる。収納時は端が丸いためポケットに入れやすい。筆箱を使わずペン単体で持ち運ぶ人にこのボールペンをおすすめしたい。

1	取り回しの軽快さ ★★★★★	ショートボディで取り回しがよく、素早く書くのに向いている。
2	グリップの握りやすさ ★★★★☆	ちょうどいい太さで握りやすい。ただ、“LAMY”のロゴの出っ張りが指に当たる。
3	全体の剛性感 ★★☆☆☆	プラスチックボディなので剛性はイマイチ。
4	ペン先のガタつき ★★★★☆	ガタつきは若干感じるが、普段使いではあまり気にならないレベル。
5	内部振動 ★★★★★	ノック式ではあるが、内部振動はほとんど感じなかった。一体感を感じる書き心地。
6	インクの滑らかさ ★★★☆☆	ヌラヌラとした油性っぽい適度な滑らかさがある。
7	インクの発色 ★★★☆☆	普通。黒インクは灰色っぽい色味になっている。
8	インクの掠れにくさ ★★★☆☆	筆圧が弱いと掠れやすいが、筆圧をかければあまり掠れない。
9	インクの速乾性 ★★★★★	書いた直後に擦ってもほとんど伸びなかった。
10	裏移りのしにくさ ★★★★★	裏移りはほとんどしなかった。
11	ノック感・回し心地 ★★★☆☆	シャキシャキとした静かなノック感。ノックのストロークが開閉で大きく変わるので、斬新。
12	ペン先の視界 ★★★★☆	ペン先は細長くなっており、視界はいいほう。

まとめ　**持ち運びに超特化した使い勝手のいいボールペン。**

068

ラミー

ラミー サファリ ボールペン

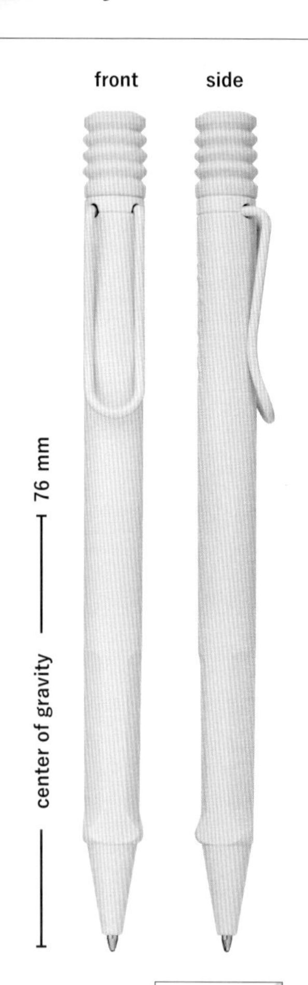

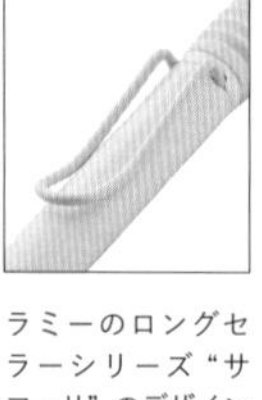

ラミーのロングセラーシリーズ“サファリ”のデザインに、2022年の限定色であるまろやかクリームがマッチ。

Radar chart

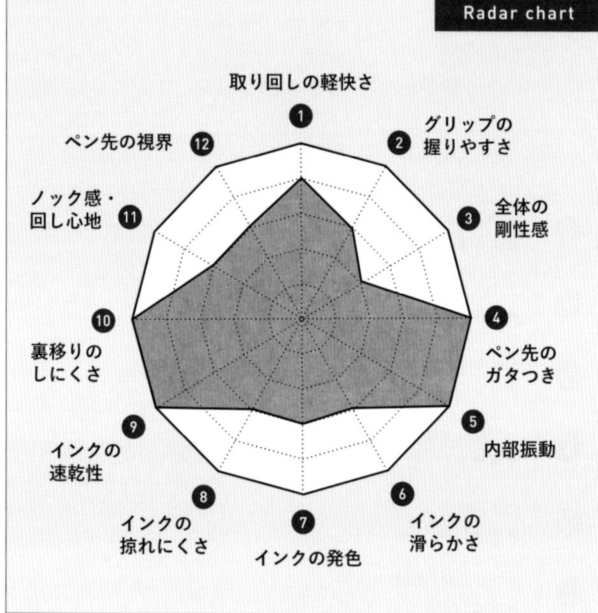

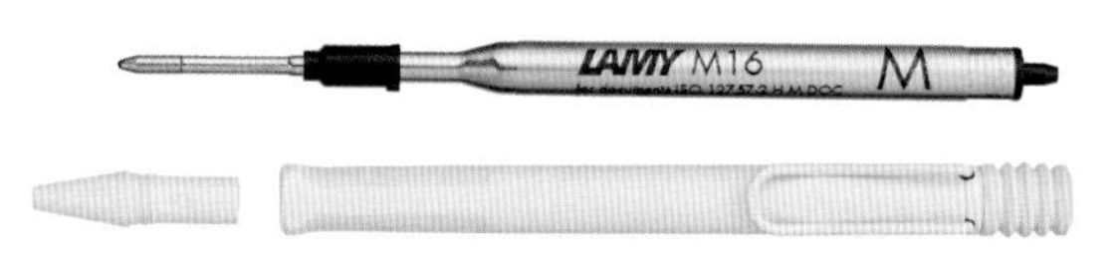

ラミーオリジナルの油性ボール芯・LM16を搭載。
グリップ部分はボディと一体化しているため分解できない。
他社ではあまり見ないリフィル形状のため、汎用性は低い。

Ballpoint Pen Spec

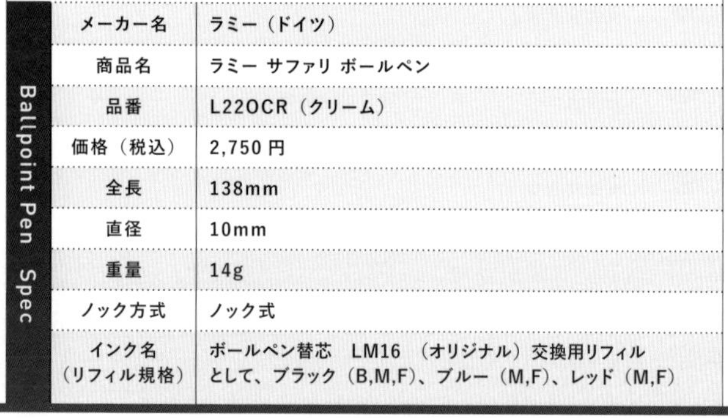

メーカー名	ラミー（ドイツ）
商品名	ラミー サファリ ボールペン
品番	L220CR（クリーム）
価格（税込）	2,750円
全長	138mm
直径	10mm
重量	14g
ノック方式	ノック式
インク名（リフィル規格）	ボールペン替芯　LM16（オリジナル）交換用リフィルとして、ブラック（B,M,F）、ブルー（M,F）、レッド（M,F）

世界中にマニアを持つラミーの定番

総評

パキパキとしたノック感がクセになるボールペン。ラミーは世界中にファンが多く、その中でもサファリはラミーでNo. 1の人気を誇る。もともとは児童向けに開発されたボールペンであり、グリップの3カ所の窪みが正しいペンの持ち方に導いてくれる。ノック部分は蛇腹式。軽量な樹脂のボディは、ワイヤーで作られた大きなクリップでガッチリと留められる。定番カラーは全9種。機能やデザインに加え、ポップで豊富なカラーバリエーションも魅力のひとつだ。

1	取り回しの軽快さ ★★★★☆	軽量で取り回しはいいほうだが、ペンが自走する感覚にはならなかった。
2	グリップの握りやすさ ★★★☆☆	グリップ部分だけ三角形になっているが、個人的には絶妙に合わなかった。個人差があるだろう。
3	全体の剛性感 ★★☆☆☆	プラスチックボディなので剛性は弱い。金属製リフィルのため、硬めな書き心地である。
4	ペン先のガタつき ★★★★★	ペン先のガタつきはほとんど感じなかった。
5	内部振動 ★★★★★	内部振動はほぼない。サスペンションになっているノック部がカタカタ振動を吸収してくれている。
6	インクの滑らかさ ★★★☆☆	ヌラヌラとした油性っぽい適度な滑らかさがある。
7	インクの発色 ★★★☆☆	普通。黒インクは灰色っぽい色味になっている。
8	インクの掠れにくさ ★★★☆☆	筆圧が弱いと掠れやすいが、筆圧をかければあまり掠れない。
9	インクの速乾性 ★★★★★	書いた直後に擦ってもほとんど伸びなかった。
10	裏移りのしにくさ ★★★★★	裏移りはほとんどしなかった。
11	ノック感・回し心地 ★★★☆☆	押しごたえがある。ノック部のラバーによるペコペコ感で、気もちがいいわけではない。
12	ペン先の視界 ★★★☆☆	平均的である。

まとめ

軽くて書きやすいボールペン。
普段使いで使えるおしゃれなボールペンを探している人におすすめ

090

ラミー

ラミー 2000 ブラックウッド ボールペン

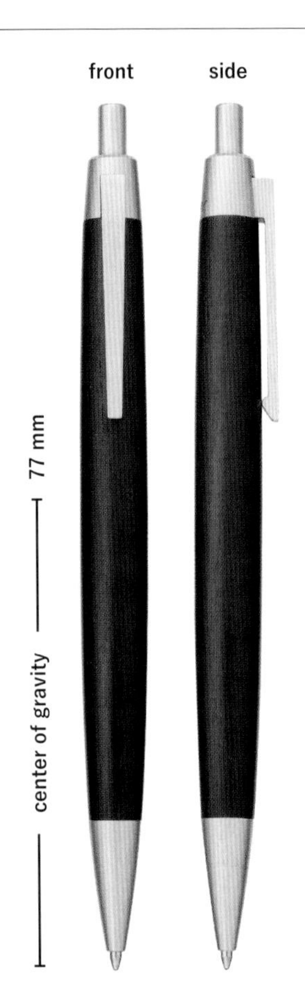

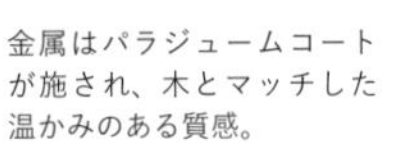

金属はパラジュームコートが施され、木とマッチした温かみのある質感。

Radar chart

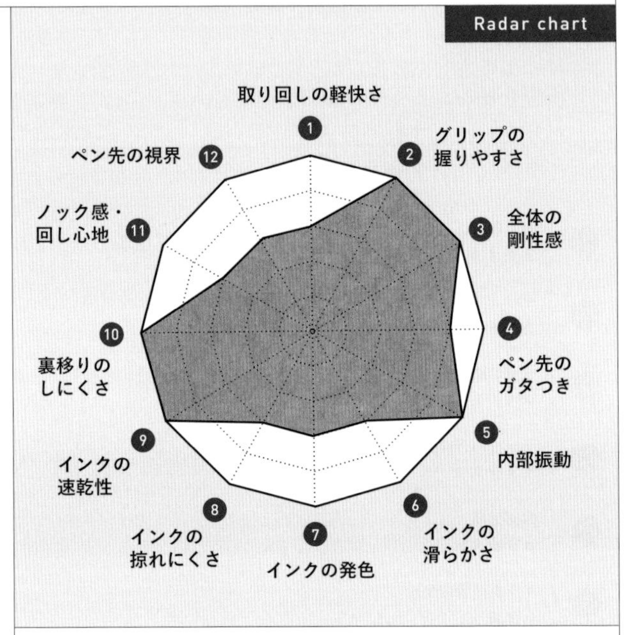

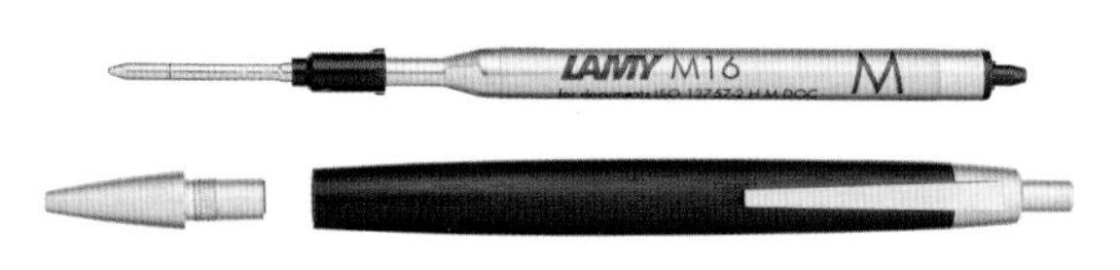

ラミーオリジナルの太字油性リフィルのM16を搭載。
ペン先部分を取り外してリフィル交換は行う。
他社ではあまり見ないリフィル形状のため、汎用性は低い。

Ballpoint Pen Spec

メーカー名	ラミー（ドイツ）
商品名	ラミー 2000 ブラックウッド ボールペン
品番	L203
価格（税込）	22,000 円
全長	136mm
直径	12mm
重量	36g
ノック方式	ノック式
インク名（リフィル規格）	ボールペン替芯　LM16（オリジナル） 交換用リフィルとして、ブラック（B,M,F）、ブルー（M,F）、レッド（M,F）

クリップはステンレスの削り出し。大きく開く可動式クリップのため、かなり手が込んでいる。

世紀を超えても褪せないデザイン

総評

ラミー2000は1966年に販売が開始されたシリーズで、"西暦2000年になっても古さを感じさせないデザイン"をコンセプトにする。そのコンセプトの通り、2023年現在もそのスタイリッシュなデザインは色褪せず、ラミーの中でのロングセラー商品のひとつになっている。軸には主にアフリカに生育するグラナディラという硬度が高く重量感のある木材が使用されている。その飽きの来ないデザインは時と場所を選ばず、どのような場面にも馴染む。

No.	項目・評価	コメント
1	取り回しの軽快さ ★★★☆☆	量感のあるボディなので軽快さはあまりない。慣れれば長時間筆記でも疲れない。野原工芸のボールペン（P.058）に近い感覚がある。
2	グリップの握りやすさ ★★★★★	ちょうどいい太さで、段差もなくストレスフリーに握れる。木軸なので汗をかいても滑りにくく、グリップ性能も高い。
3	全体の剛性感 ★★★★★	金属の重厚感を感じる静かな書き心地。
4	ペン先のガタつき ★★★★☆	ガタつきは若干感じるが、普段使いではあまり気にならないレベル。
5	内部振動 ★★★★★	ノック式ではあるが、内部振動はほとんど感じなかった。
6	インクの滑らかさ ★★★☆☆	ヌラヌラとした油性っぽい適度な滑らかさがある。
7	インクの発色 ★★★☆☆	普通。黒インクは灰色っぽい色味になっている。
8	インクの掠れにくさ ★★★☆☆	筆圧が弱いと掠れやすいが、筆圧をかければあまり掠れない。
9	インクの速乾性 ★★★★★	書いた直後に擦ってもほとんど伸びなかった。
10	裏移りのしにくさ ★★★★★	裏移りはほとんどしなかった。
11	ノック感・回し心地 ★★★☆☆	独特なノック感。しっとりとしており、モフモフとした感触。
12	ペン先の視界 ★★★☆☆	平均的である。

まとめ

非常に完成度が高いボールペン。
普段使いでも、ギフトでも間違いなし。

070

ロットリング

rOtring 600

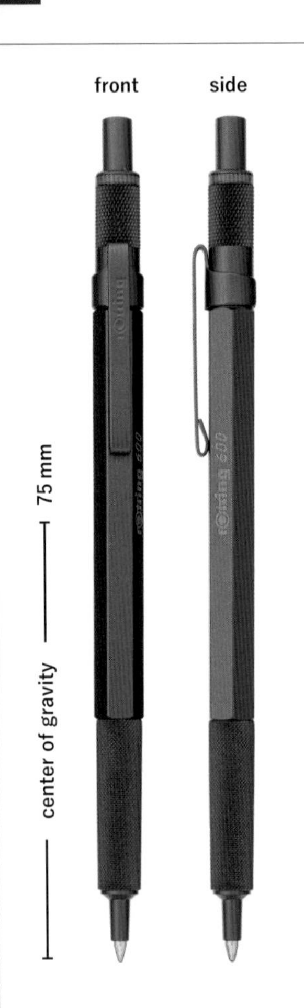

Radar chart

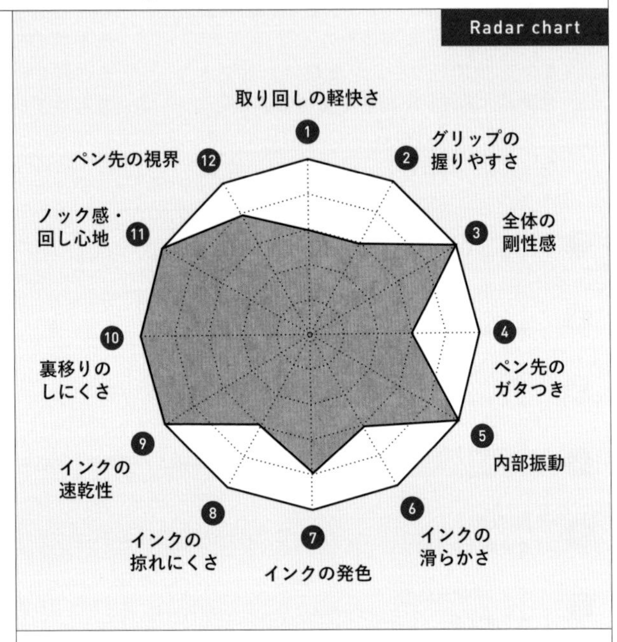

ロットリングオリジナルの
ジャイアントタイプ・メタル芯 SO 195 390 を搭載。
リフィルは汎用性の高い G2 規格。

ボディとグリップはどちらも真鍮製で重厚感がある。エッジの効いた六角形ボディ。

Ballpoint Pen Spec

メーカー名	ロットリング（ドイツ）
商品名	rOtring 600 アイアンブルー
品番	21 14262
価格（税込）	3,630 円
全長	長さ 140mm
直径	軸径 8mm
重量	23g
ノック方式	ノックタイプ
インク名（リフィル規格）	セットリフィール→ブラック M（S0 195 390）

定規で線を引くときでも視界を妨げないように、ペン先が長い形状になっている。

機能性に振り切った“道具”

総評

ロットリングはドイツ発祥の製図用品ブランド。数字が大きいほど使われる金属パーツの割合が大きくなる。ロットリング600はすべて金属のボディである。六角形のボディに滑り止めのローレット加工が施されたグリップという、ロットリング特有のボディデザイン。装飾は上部の赤いリングのみであり、これがブランド名の由来かつ、ロットリングの象徴だ。筆記に特化し無駄がなく無骨な見た目は、学生からも人気を得る。ロットリング600はシャーペンも展開されており、セットで使うのもいいだろう。

1	取り回しの軽快さ ★★★☆☆	真鍮ボディということでヘビーに感じるが、コンパクトボディなので普段使いできる取り回し。
2	グリップの握りやすさ ★★★☆☆	ローレットの粒は大きめで、指へのダメージは少なめ。ローレットグリップと六角形の境目を握ると違和感を感じる。
3	全体の剛性感 ★★★★★	さすがドイツブランド、ガッチリとしたボディの作りで高い剛性を感じる。
4	ペン先のガタつき ★★★☆☆	ややガタつく。書いている時にカチャカチャ音が鳴る時があった。
5	内部振動 ★★★★★	内部振動はほとんど感じなかった。キャップのカタカタ振動も筆記中は感じなかった。
6	インクの滑らかさ ★★★☆☆	ヌラヌラとした油性っぽい適度な滑らかさがある。
7	インクの発色 ★★★★☆	発色はいいほう。黒インクは茶色っぽい色味になっている。
8	インクの掠れにくさ ★★★☆☆	1画目に掠れることがあるが、許容範囲内。
9	インクの速乾性 ★★★★★	書いた直後に擦ってもほとんど伸びなかった。
10	裏移りのしにくさ ★★★★★	裏移りはほとんどしなかった。
11	ノック感・回し心地 ★★★★★	バネの強さはちょうどよく、快適にノックができる。
12	ペン先の視界 ★★★★☆	ペン先の口金は細くなっており、視界は良好。

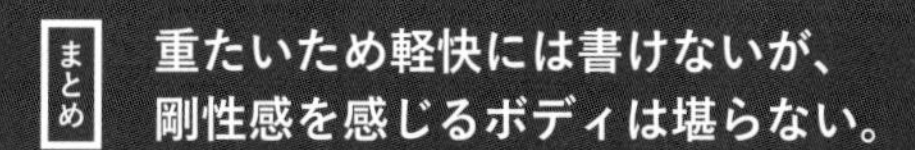

こちらもCHECK

071

ロットリング

rOtring 800

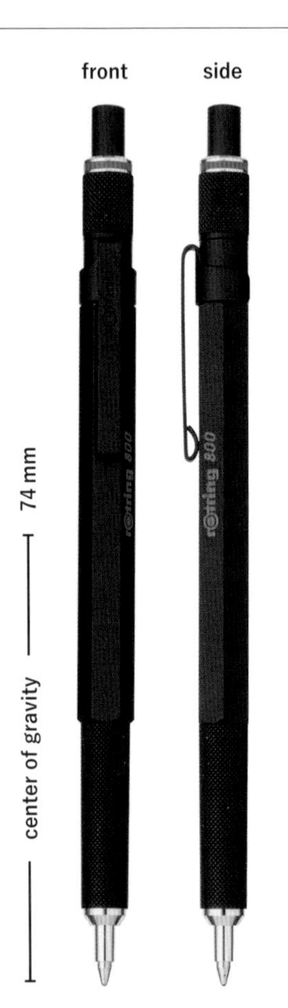

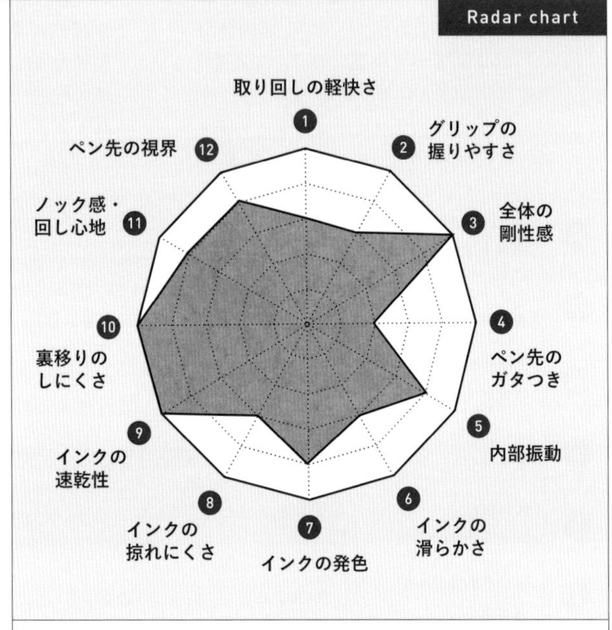

600（P. 160）と同じくロットリングオリジナルの油性インク、ジャイアントタイプ・メタル芯 SO 195 390 を搭載。リフィルは汎用性の高い G2 規格。

600 とは違い、ペン上部を回転させることでペン先が出る仕組みになっている。ペン先ごと収納可能。

Ballpoint Pen Spec

メーカー名	ロットリング（ドイツ）
商品名	rOtring 800 ブラック
品番	20 32579
価格（税込）	8,800 円
全長	142mm
直径	軸径 8mm
重量	27g
ノック方式	回転式収納タイプ
インク名（リフィル規格）	セットリフィール→ブラック M（S0 195 390）

ローレット加工のグリップだが、浅めな溝のため指にやさしい。

ロットリングの最高峰にふさわしい品格

総評

ロットリング800も600同様にすべて金属パーツでできている。800はノック式のような見た目だが、回転繰り出し式という違いがある。黒々としたボディには朱色でブランドロゴが印字され、クリップにもロゴが刻印されている。グリップと同様のローレット加工がされた回転部を回すと金色のペン先が顔を出す。この見た目のゴージャスさが、ロットリングの最高峰モデルとしての証である。
ほどよい重量感があり、安定感抜群。機能美を追求した、ストイックな品質から世界中にファンを持つ。

1	取り回しの軽快さ ★★★☆☆	真鍮ボディということで貫禄を感じるが、コンパクトボディなので普段使いできる取り回し。
2	グリップの握りやすさ ★★★☆☆	ローレットの粒は浅めで、指へのダメージは少なめ。ローレットグリップと六角形の境目を握ると違和感を感じる。
3	全体の剛性感 ★★★★★	流石ドイツブランド、安定感のあるボディの作りで高い剛性を感じる。
4	ペン先のガタつき ★★☆☆☆	ゴールドのペン先と軸の間にガタつきがあり気になった。
5	内部振動 ★★★★☆	中のリフィルが若干カタカタ振動しているように感じた。
6	インクの滑らかさ ★★★☆☆	ヌラヌラとした油性っぽい適度な滑らかさがある。
7	インクの発色 ★★★★☆	発色はいいほう。黒インクは茶色っぽい色味になっている。
8	インクの掠れにくさ ★★★☆☆	掠れやすさに関しては、普通。
9	インクの速乾性 ★★★★★	書いた直後に擦ってもほとんど伸びなかった。
10	裏移りのしにくさ ★★★★★	裏移りはほとんどしなかった。
11	ノック感・回し心地 ★★★★☆	滑らかな回し心地ではないが、ロットリング800らしい金属感のある回し心地だった。
12	ペン先の視界 ★★★★☆	ペン先の口金は細くなっており、視界は良好。

まとめ

ロットリングが到達した最高レベルの使い心地。
ペン先のガタつきがもう少し小さければなおよし。

072

ロットリング

ラピッドプロ

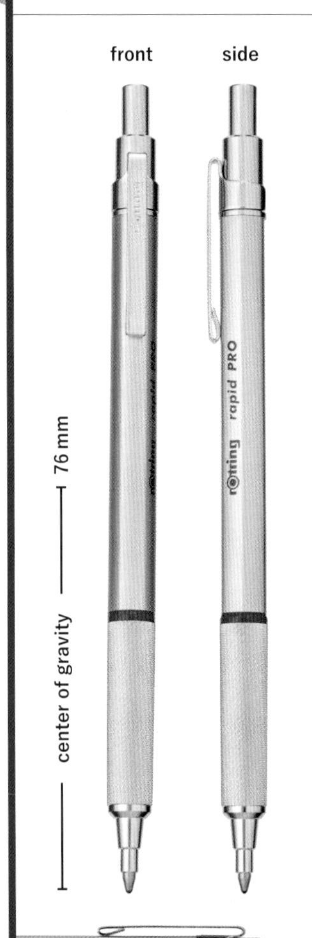

ボディの真鍮と、ローレット加工が施されたグリップ部で異なる質感が味わえる。

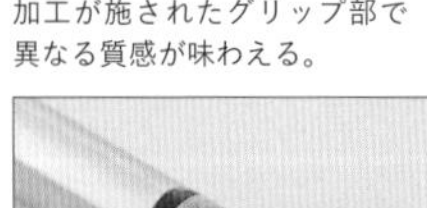

Radar chart

取り回しの軽快さ ① / グリップの握りやすさ ② / 全体の剛性感 ③ / ペン先のガタつき ④ / 内部振動 ⑤ / インクの滑らかさ ⑥ / インクの発色 ⑦ / インクの掠れにくさ ⑧ / インクの速乾性 ⑨ / 裏移りのしにくさ ⑩ / ノック感・回し心地 ⑪ / ペン先の視界 ⑫

ロットリングオリジナルの油性インクで、ジャイアントタイプ・メタル芯 SO 195 390 を搭載。リフィルは汎用性の高い G2 規格。

Ballpoint Pen Spec

メーカー名	ロットリング（ドイツ）
商品名	ラピッドプロ シルバー
品番	19 04291
価格（税込）	4,400 円
全長	145
直径	軸径 8mm
重量	25g
ノック方式	ノックタイプ
インク名（リフィル規格）	セットフィール→ブラック M（S0 195 390）

クリップとノック部にはスチールを使用。異なるシルバーのコントラストを楽しめる。

柔らかくやさしいロットリング

総評

ロットリングといえばゴツゴツとした印象だが、ラピッドプロのデザインは柔らかな印象を受ける。
グリップのローレット加工は他のロットリングと若干異なり、ソフトな肌触り。ボディも六角形と円の中間のような丸みを帯びた形状。クリップとノック部は艶のある金属であり、ボディの艶消し部分との反射の違いを楽しむことができる。ペン先は段々に細まっており、視界良好。無骨さは和らぎつつその機能性は損なわない。クールな佇まいはビジネスシーンでも活躍するだろう。

1	取り回しの軽快さ ★★★☆☆	真鍮ボディで存在感があるが、コンパクトボディで取り回しはいい。
2	グリップの握りやすさ ★★★★★	きめ細かいローレットグリップでグリップ力抜群。指はチクチクせず、肌触りも悪くない。
3	全体の剛性感 ★★★★★	ロットリング 600（P.160）と同様、フルメタルボディであるため、落ち着いた書き心地を楽しめる。
4	ペン先のガタつき ★★★★☆	ガタつきは若干感じるが、普段使いではあまり気にならないレベル。
5	内部振動 ★★★★★	ノック式ではあるが、内部振動はほとんど感じなかった。
6	インクの滑らかさ ★★★☆☆	ヌラヌラとした油性っぽい適度な滑らかさがある。
7	インクの発色 ★★★★☆	発色はいいほう。黒インクは茶色っぽい色味になっている。
8	インクの掠れにくさ ★★★☆☆	掠れやすさに関しては、普通。1画目に掠れることがあるが、許容範囲内。
9	インクの速乾性 ★★★★★	書いた直後に擦ってもほとんど伸びなかった。
10	裏移りのしにくさ ★★★★★	裏移りはほとんどしなかった。
11	ノック感・回し心地 ★★★★☆	軽い力でノックでき、ノックしやすかった。少しだけカチャカチャ感があり、気になった。
12	ペン先の視界 ★★★★☆	ペン先の口金は細くなっており、視界は良好。

まとめ

ロットリングのボールペンの中で一番完成度が高い。
大人の風格がにじむボールペン。

073

ロディア

スクリプト

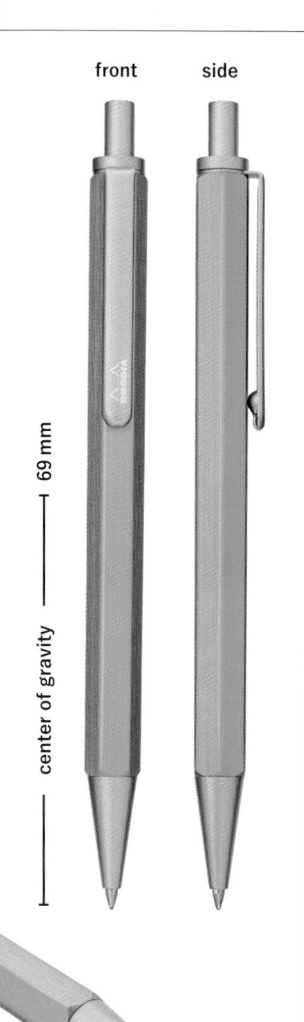

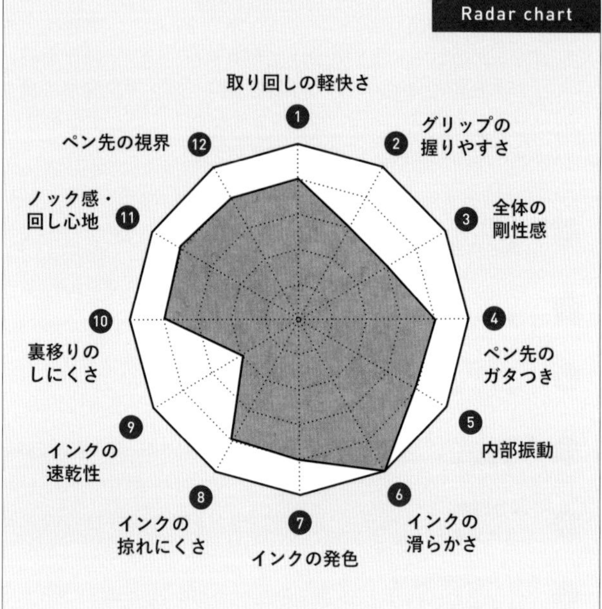

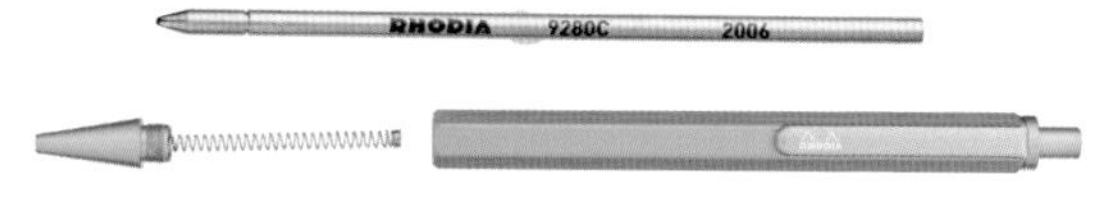

ロディアオリジナルリフィル。
低粘度の油性タイプで 0.7mm のブラックを搭載。
リフィルは D 型を搭載。マルチペンによく使われるタイプで、汎用性が高い。

Ballpoint Pen Spec

メーカー名	ロディア（フランス）
商品名	スクリプト　ボールペン
品番	定番 3 色　オレンジ cf9288 ／ブラック cf9289 ／ シルバー cf9281 ／ 限定色ターコイズ　cf9386（完売）
価格（税込）	2,750 円
全長	128mm
直径	9mm
重量	21g
ノック方式	ノック式
インク名 （リフィル規格）	スクリプトボールペン替芯 0.5mm ／ 0.7mm

クリップはボディに沿うようにフラットでシンプルな形状。

机の上で転がりにくい六角形。ペン先まで鮮やかなターコイズはファッションアイテムにもなる。

ブロックメモとともに使いたい ボールペン

総評

ブロックメモが有名なロディアのボールペン。ボディはリゾート地の海中のような、鮮やかなターコイズブルー。こちらは限定色だが、通常色はロデアらしいオレンジを含む3色展開。アルミニウムの六角形直線ボディはきめ細かな縦のヘアライン加工で艶消しがされており、サラサラとした触り心地。真鍮のペン先・クリップ・ノック部も艶消しの塗装がなされている。ノック感は軽快で、芯を出す時もノック部が指をやさしく押し返す。書き味もよく、日常使いに適したボールペン。

※ターコイズは限定色のため、完売となっています。

	項目	コメント
1	取り回しの軽快さ ★★★★☆	ボディはアルミ製だが、ショートボディのため見た目以上に軽く感じた。
2	グリップの握りやすさ ★★★☆☆	六角形ボディだが、ちょっとゴツゴツしすぎている感がある。クリップ指に当たりやすいのも注意。
3	全体の剛性感 ★★★☆☆	フルメタルボディでリフィルも金属製だが、どこか柔らかい書き心地を感じる。ただ、普段使いでは特に気にならない。
4	ペン先のガタつき ★★★★☆	ガタつきは若干感じるが、普段使いではあまり気にならないレベル。
5	内部振動 ★★★★☆	内部振動はほとんど感じないが、素早くペンを走らせると細かい振動を感じる。
6	インクの滑らかさ ★★★★★	抵抗が少なく、滑らかに書くことができた。
7	インクの発色 ★★★★☆	油性の中では濃いほう。黒インクは灰色っぽい色味になっている。
8	インクの掠れにくさ ★★★★☆	インクが積極的に出てくるためダマができやすいが、掠れは少なかった。
9	インクの速乾性 ★★☆☆☆	ダマができやすく、書いた直後に指で擦ると線が伸びやすかった。
10	裏移りのしにくさ ★★★★☆	インクの出がいい分、若干裏移りすることもあるが、特段気になることはない。
11	ノック感・回し心地 ★★★★☆	軽い力でノックできて気もちいいほうだが、ほんのわずかに摩擦を感じるノック感だった。
12	ペン先の視界 ★★★★☆	口金が細くなっており、視界は良好。

まとめ　握りやすくはないが、質感が高く持ち運びにも優れている。

PRODUCT NAME INDEX

	商品名	メーカー名	ページ数
あ行	アエロ サンセットオレンジ ボールペン	ディプロマット（ドイツ）	128
	アクロドライブ 0.5mm	パイロット	062
	エキスパート エッセンシャル ブラックGT ボールペン	ウォーターマン（フランス）	096
	エクリドール アベニュー	カランダッシュ（スイス）	108
	エナージェル インフリー	ぺんてる	070
	エナージェル フィログラフィ	ぺんてる	072
	エモーション 梨の木 ダークブラウン ボールペン	ファーバーカステル（ドイツ）	138
	オプティマ グリーン ボールペン	アウロラ（イタリア）	094
	カルム 単色ボールペン	ぺんてる	074
	木のボールペン・スタンダード スタビメープル瘤 2 色 斑紋孔雀色	野原工芸	056
	木のボールペン・スリム キハダ縮杢	野原工芸	058
	木のボールペン・ロータリー 特上黒柿	野原工芸	060
	コンクリートボールペン	ステッドラー（ドイツ）	126
さ行	SAKURA craft_lab 001	サクラクレパス	028
	SAKURA craft_lab 002	サクラクレパス	030

SAKURA craft_lab 006	サクラクレパス	032
サラサグランド　ブラウングレー	ゼブラ	040
サラサクリップ 0.5 キャメルイエロー	ゼブラ	042
さらさら描けるゲルインキボールペン ノック式	無印良品	088
ジェットストリーム エッジ 0.28mm	三菱鉛筆	076
ジェットストリーム プライム ノック式シングル 0.7mm	三菱鉛筆	080
ジェットストリーム プライム 回転繰り出し式シングル	三菱鉛筆	082
ジェットストリーム ラバーボディ	三菱鉛筆	078
ジュースアップ 0.4mm	パイロット	064
ジョッター XL ブラック BT ボールペン	パーカー（イギリス）	134
スーベレーン K400 ブルーストライプ	ペリカン（ドイツ）	144
スーベレーン K800 ブルーストライプ	ペリカン（ドイツ）	146
ZOOM C1 油性ボールペン黒インク 0.5mm	トンボ鉛筆	048
ZOOM L1 水性ゲルボールペン 黒インク 0.5mm	トンボ鉛筆	050
ZOOM L2 油性ボールペン黒インク 0.5mm	トンボ鉛筆	052
スクリプト ボールペン	ロディア（フランス）	166
stilform ARC チタンマット	スティルフォーム（ドイツ）	118
stilform PEN チタン	スティルフォーム（ドイツ）	120
スターウォーカー ドゥエ ボールペン	モンブラン（ドイツ）	148
スペシャル　ボールペンブラック	カヴェコ（ドイツ）	104

	センチュリーII	クロス（アメリカ）	116
	ソネット プレミアム シズレGT ボールペン	パーカー（イギリス）	136
た行	タイムライン エターナル 0.7mm	パイロット	066
	Twist-Skittle Matte	グラビタスペン（アイルランド）	114
	TRX 油性ボールペン ブルー	ステッドラー（ドイツ）	124
	デフィ ミレニアム ボールペン	エス・テー・デュポン（フランス）	100
は行	パーカー・アーバン プレミアム ネイビーブルーシズレCT ボールペン	パーカー（イギリス）	132
	パーカー・IM ブラックGT ボールペン	パーカー（イギリス）	130
	伯爵コレクション クラシック エボニー プラチナコーティング ボールペン	ファーバーカステル（ドイツ）	140
	849 ブリュットロゼ	カランダッシュ（スイス）	106
	バリアス エボニー ローズゴールド ボールペン	カランダッシュ（スイス）	110
	ピュアモルト	三菱鉛筆	084
	フィーネペン　花梨紅白	工房 楔	022
	フィラーレウッド	ゼブラ	044
	フュージョン カーボンブラック ゲルペン	IWI（台湾）	092
	フリクションボールノックゾーン（ウッドグリップ）0.5mm	パイロット	068
	ブレン	ゼブラ	046
	プロフェッショナルギア インペリアル ブラック ボールペン	セーラー万年筆	038
	ボールサイン iD	サクラクレパス	034
	ボールペン 限定モデル・オールブラック	ステッドラー（ドイツ）	122

ま行	mute-on 象のねごと	サンスター文具	036
	メトロポリタン エッセンシャル ブラック CT ボールペン	ウォーターマン（フランス）	098
	モノグラフライト 0.5	トンボ鉛筆	054
や行	ユニボール ワン 0.38mm	三菱鉛筆	086
ら行	ラ・スクリヴェリア ブラックGT ボールペン	オロビアンコ（イタリア）	102
	ラピッドプロ シルバー	ロットリング（ドイツ）	164
	ラミー アルスター オールブラックボールペン	ラミー（ドイツ）	150
	ラミー サファリ ボールペン	ラミー（ドイツ）	156
	ラミー ノト ブラック＆シルバー ボールペン	ラミー（ドイツ）	152
	ラミー ピコ ホワイト	ラミー（ドイツ）	154
	ラミー 2000 ブラックウッド ボールペン	ラミー（ドイツ）	158
	リアルブレット 338	フィッシャースペースペン （アメリカ）	142
	ルーチェペン	工房 楔	024
	レマン グランブルー シルバープレート＆ ロジウムコート	カランダッシュ（スイス）	112
	ローラーボール	コクヨ	026
	rOtring 600 アイアンブルー	ロットリング（ドイツ）	160
	rOtring 800 ブラック	ロットリング（ドイツ）	162
	ROMEO №3 ボールペン 細軸 イタリアンアンバー	伊東屋	020

PRODUCT PRICE INDEX

	価格	商品名	メーカー名	ページ数
500円未満	110円	サラサクリップ 0.5 キャメルイエロー	ゼブラ	042
	120円	さらさら描けるゲルインキボールペン ノック式	無印良品	088
	132円	ユニボール ワン 0.38mm	三菱鉛筆	086
	165円	ブレン	ゼブラ	046
	165円	カルム 単色ボールペン	ぺんてる	074
	220円	ボールサイン iD	サクラクレパス	034
	220円	モノグラフライト 0.5	トンボ鉛筆	054
	220円	ジュースアップ 0.4mm	パイロット	064
	253円	エナージェル インフリー	ぺんてる	070
	264円	mute-on 象のねごと	サンスター文具	036
	275円	ジェットストリーム ラバーボディ	三菱鉛筆	078
1000円〜3000円未満	1,100円	サラサグランド ブラウングレー	ゼブラ	040
	1,100円	ジェットストリーム エッジ 0.28mm	三菱鉛筆	076
	1,100円	ピュアモルト	三菱鉛筆	084
	2,200円	フリクションボールノックゾーン（ウッドグリップ）0.5mm	パイロット	068
	2,200円	エナージェル フィログラフィ	ぺんてる	072
	2,200円	ラミー ノト ブラック＆シルバー ボールペン	ラミー（ドイツ）	152

2,420円	SAKURA craft_lab 002	サクラクレパス	030
2,420円	ジェットストリーム プライム ノック式シングル 0.7mm	三菱鉛筆	080
2,750円	ボールペン 限定モデル・オールブラック	ステッドラー （ドイツ）	122
2,750円	フィラーレウッド	ゼブラ	044
2,750円	ラミー サファリ ボールペン	ラミー（ドイツ）	156
2,750円	スクリプト ボールペン	ロディア（フランス）	166
2,860円	フュージョン カーボンブラック ゲルペン	IWI（台湾）	092

3000円～5000円未満

3,300円	アクロドライブ 0.5mm	パイロット	062
3,300円	ジェットストリーム プライム 回転繰り出し式シングル	三菱鉛筆	082
3,520円	ZOOM L2 油性ボールペン 黒インク 0.5mm	トンボ鉛筆	052
3,630円	rOtring 600 アイアンブルー	ロットリング （ドイツ）	160
3,850円	コンクリートボールペン	ステッドラー （ドイツ）	126
4,400円	ローラーボール	コクヨ	026
4,400円	ZOOM L1 水性ゲルボールペン 黒インク 0.5mm	トンボ鉛筆	050
4,400円	ジョッター XL ブラック BT ボールペン	パーカー（イギリス）	134
4,400円	ラミー アルスター オールブラック ボールペン	ラミー（ドイツ）	150
4,400円	ラピッドプロ シルバー	ロットリング （ドイツ）	164

5000円～10000円未満

5,500円	ラ・スクリヴェリア ブラックGT ボールペン	オロビアンコ （イタリア）	102
5,500円	SAKURA craft_lab 001	サクラクレパス	028
5,500円	TRX 油性ボールペン ブルー	ステッドラー （ドイツ）	124

5,500円	パーカー・IM ブラック GT ボールペン	パーカー（イギリス）	130
5,500円	タイムライン エターナル 0.7mm	パイロット	066
6,600円	パーカー・アーバン プレミアム ネイビーブルーシズレCT ボールペン	パーカー（イギリス）	132
7,150円	849 ブリュットロゼ	カランダッシュ (スイス)	106
7,480円	スペシャル　ボールペンブラック	カヴェコ（ドイツ）	104
7,700円	ZOOM C1 油性ボールペン 黒インク 0.5mm	トンボ鉛筆	048
8,800円	リアルブレット 338	フィッシャー スペースペン (アメリカ)	142
8,800円	ラミー ピコ ホワイト	ラミー（ドイツ）	154
8,800円	rOtring 800 ブラック	ロットリング (ドイツ)	162
8,800円～	フィーネペン ※木の種類、杢のレベルで変わる	工房 楔	022
8,800円～	ルーチェペン ※木の種類、杢のレベルで変わる	工房 楔	024
9,900円	木のボールペン・スリム キハダ縮杢	野原工芸	058
11,000円	メトロポリタン エッセンシャル ブラックCT ボールペン	ウォーターマン (フランス)	098
11,000円	エモーション 梨の木 ダークブラウン ボールペン	ファーバーカステル (ドイツ)	138
12,100円	プロフェッショナルギア インペリアル ブラックボールペン	セーラー万年筆	038
14,300円	ROMEO №.3 ボールペン 細軸 イタリアンアンバー	伊東屋	020
15,400円	Twist-Skittle Matte	グラビタスペン (アイルランド)	114
16,500円	センチュリーII	クロス（アメリカ）	116
18,700円	エキスパート エッセンシャル ブラック GTボールペン	ウォーターマン (フランス)	096
19,800円	木のボールペン・ロータリー 特上黒柿	野原工芸	060

22,000円	アエロ サンセットオレンジ ボールペン	ディプロマット（ドイツ）	128
22,000円	ラミー 2000 ブラックウッド ボールペン	ラミー（ドイツ）	158
27,500円	stilform PEN チタン	スティルフォーム（ドイツ）	120
27,500円	木のボールペン・スタンダード スタビメープル瘤2色 斑紋孔雀色	野原工芸	056
28,050円～	SAKURA craft_lab 006 ※レフィルは除く　※パーツの組合せによる	サクラクレパス	032
28,600円	stilform ARC チタンマット	スティルフォーム（ドイツ）	118
29,700円	エクリドール アベニュー	カランダッシュ（スイス）	108
30,800円	スーベレーン K400 ブルーストライプ	ペリカン（ドイツ）	144
48,400円	デフィ ミレニアム ボールペン	エス・テー・デュポン（フランス）	100
49,500円	ソネット プレミアム シズレ GT ボールペン	パーカー（イギリス）	136
52,800円	スーベレーン K800 ブルーストライプ	ペリカン（ドイツ）	146
60,500円	オプティマ グリーン ボールペン	アウロラ（イタリア）	094
60,500円	伯爵コレクション クラシック エボニー プラチナコーティング ボールペン	ファーバーカステル（ドイツ）	140
71,500円	スターウォーカー ドゥエ ボールペン	モンブラン（ドイツ）	148
93,500円	レマン グランブルー シルバープレート & ロジウムコート	カランダッシュ（スイス）	112
121,000円	バリアス エボニー ローズゴールド ボールペン	カランダッシュ（スイス）	110

SEASAR

著者　しーさー

文房具YouTuber兼会社経営者。中学3年生当時の2014年に文房具にハマり、好きが高じて2014年から動画投稿を開始。文房具のレビュー動画は今では500本を超え、登録者数は72万人、総再生回数は2億8000万回を突破（2023年12月現在）。解説だけでなく映像にもこだわり、徹底的に文房具のディティールを解説している。オリジナルブランドを立ち上げ、自分が本当に作りたいものを開発中（2024年発売予定）。著書に『しーさーのすごい！ペン解説』（実務教育出版）、『しーさーの木軸ペン図鑑』（主婦の友社）がある。

YouTube
https://www.youtube.com/@seasar04

X
https://x.com/Seasar04

Instagram
https://www.instagram.com/seasar04/

TikTok
https://www.tiktok.com/@seasar04

編集　川名由衣／松原健一（実務教育出版）
企画・編集　木庭將／木下玲子
制作協力　石井翔也
小尾和美／御郷真理子／里中 香
（株式会社キャリア・マム）

デザイン　近藤みどり
カメラマン　佐々木宏幸

文房具YouTuberしーさーの
ボールペン事典

2023年12月15日　初版第1刷発行

著者　しーさー
発行者　小山隆之
発行所　株式会社実務教育出版
〒163-8671 東京都新宿区新宿1-1-12
電話 03-3355-1812（編集）
03-3355-1951（販売）
振替 00160-0-78270

印刷所　文化カラー印刷
製本所　東京美術紙工

ISBN 978-4-7889-2629-5 C2076